# 网络空间安全

主　审：游振荣

主　编：李献龙　何　勇　胡　明

副主编：王　锦　谭应伟　陈锦秀　王　福
　　　　李锦旺　梁前进

编　委：钟　诚　刘　平　高建瑜　赵丽明
　　　　郭耀彩　卢永芳　邱　玲　宁　勤
　　　　杨　楚　黄杨宝

U0336156

中国财富出版社有限公司

**图书在版编目（CIP）数据**

网络空间安全/李献龙，何勇，胡明主编. —北京：中国财富出版社有限
公司，2021.10

ISBN 978-7-5047-7535-1

Ⅰ.①网…　Ⅱ.①李…②何…③胡…　Ⅲ.①计算机网络—网络
安全　Ⅳ.①TP393.08

中国版本图书馆CIP数据核字（2021）第194019号

| | | | | | | |
|---|---|---|---|---|---|---|
| **策划编辑** | 谷秀莉 | **责任编辑** | 田　超　马欣岳 | **版权编辑** | 李　洋 |
| **责任印制** | 梁　凡 | **责任校对** | 卓闪闪 | **责任发行** | 于　宁 |

| | | | | |
|---|---|---|---|---|
| **出版发行** | 中国财富出版社有限公司 | | | |
| **社　　址** | 北京市丰台区南四环西路188号5区20楼 | **邮政编码** | 100070 | |
| **电　　话** | 010-52227588 转 2098（发行部） | 010-52227588 转 321（总编室） | | |
| | 010-52227566（24小时读者服务） | 010-52227588 转 305（质检部） | | |
| **网　　址** | http://www.cfpress.com.cn | **排　　版** | 宝蕾元 | |
| **经　　销** | 新华书店 | **印　　刷** | 北京九州迅驰传媒文化有限公司 | |
| **书　　号** | ISBN 978-7-5047-7535-1 / TP·0111 | | | |
| **开　　本** | 787mm×1092mm　1/16 | **版　　次** | 2024 年 11 月第 1 版 | |
| **印　　张** | 12.25 | **印　　次** | 2024 年 11 月第 1 次印刷 | |
| **字　　数** | 199千字 | **定　　价** | 49.80 元 | |

# 前　言

近年来，网络空间安全事件频发，威胁经济发展，阻碍文化进步，扰乱社会秩序，窃取个人信息，网络空间安全已成为人们普遍关注的公共问题。提高网民尤其是网络工作人员防御网络攻击的能力，降低信息泄露风险，保护公民个人信息数据安全，迅速提高网络安全意识和网络安全操作技能，进而提升全体网民的网络空间安全素养，是当前亟须解决的重要问题。

中国的网民数量居全球之首，我们要统筹网络安全与发展，以安全保发展，以发展促安全。

做好网络空间安全工作，不但要有效控制网络安全风险，健全、完善国家网络安全保障体系，保证核心技术装备安全可控，保证网络和信息系统运行稳定、可靠等，而且要培养满足需求的网络安全人才，大幅提高全社会的网络安全意识和基本防护技能。

为了适应网络空间安全人才培养和学习、掌握网络空间安全技术的需要，编者邀请有关网络安全专家和部分高校信息技术课程骨干教师编写了这本教材。全书理论与实际相结合，在全面介绍网络空间安全基本理论和技术的同时，着重加强网络安全技能的培训，提高网络安全问题解决能力。

由于网络空间安全涉及的知识领域广泛，有关网络攻击和防御技术都在不断变化，且编者水平有限，编写时间仓促，书中难免有疏漏、不妥之处，敬请广大读者提出宝贵意见，以便进一步修订、完善。

编者<br>2024 年 3 月

# 目 录

**第四章**
**网络安全产品配置**

**参考文献**

# 第一章　网络空间安全概述

伴随信息革命的飞速发展，网络空间正在改变人们的生产生活方式，深刻影响人类社会历史发展进程。与此同时，网络空间安全形势严峻，面临以下风险与挑战：一是网络攻击威胁经济安全；二是网络有害信息侵蚀文化安全；三是网络违法犯罪破坏社会安全；四是网络空间的国际竞争方兴未艾。

为此，国家互联网信息办公室发布《国家网络空间安全战略》指出要以总体国家安全观为指导，贯彻落实创新、协调、绿色、开放、共享的发展理念，增强风险意识和危机意识，统筹国内国际两个大局，统筹发展安全两件大事，积极防御、有效应对，推进网络空间和平、安全、开放、合作、有序，维护国家主权、安全、发展利益，实现建设网络强国的战略目标。

## 第一节　网络空间安全的内涵

### 一、网络空间安全的概念

关于网络空间安全，相继出现过信息安全、网络安全、网络信息安全、网络空间安全等不同概念。20 世纪 90 年代，"信息安全"的概念被广泛使用；进入 21 世纪，"网络安全""网络信息安全""网络空间安全"等概念逐渐被提出；近年来，"网络安全"和"网络空间安全"开始成为业界普遍认同的概念。

目前理论上广泛定义的"网络安全"是指网络系统的硬件、软件及其系统中的数据受到保护，不因偶然或恶意的原因而遭受破坏、泄露，系统连续、可靠、正常地运行，网络服务不中断。

无论是网络安全还是网络空间安全，都应从不同的角度理解其含义。网络安全反映的安全问题基于网络，可以认为它是基于互联网的发展应用及网络社会面临的安全问题提出的；网络空间安全反映的安全问题基于网域空间，其与陆域、海域、空域一起作为全球全人类的公域空间，如果从这个角度思考网络空间安全，可以说其范畴更广。

网络空间安全是人和信息对网络空间提出的基本需求，网络空间是所有信息系统的集合，同时包括人与信息系统之间的相互作用、相互影响。可以说，网络空间安全是在实现信息安全、网络安全过程中所有要素和活动免受各种威胁的状态。因此，网络空间安全问题更加综合、更加复杂。

在我国，网络空间安全处于重要位置。首先，我国把网络空间安全置于顶层加以重视，中央网络安全和信息化委员会把网络空间安全和信息化统一在一起，当作事关现代化全局的事业，这体现了网络空间安全的重要地位，这为网络空间安全提供了坚强的政治保障。其次，我国强调维护国家主权、安全、发展利益，实现建设网络强国的战略目标，将安全与发展当作核心利益，像维护国家主权那样加以维护，体现了我国独立自主发展的坚强意志。最后，我国强调统筹发展和安全两件大事，既不能因为安全而错过发展的机遇，失去安全的目的，也不能因为发展而丧失安全，从而失去发展的成果。为此，要维护和平发展、稳定发展的环境，在保障网络空间安全前提下，通过开放与合作，实现有序发展，最终将我国建设为网络强国，实现中华民族伟大复兴的中国梦。

网络空间安全技术涉及计算机技术、通信技术、存取控制技术、校验认证技术、容错技术、加密技术、防病毒技术、抗干扰技术等。因此，网络空间安全问题是一个非常复杂的综合问题，并且其技术、方法都要随着系统应用环境的变化而不断变化。

一般来说，网络空间安全由以下4个部分组成。

一是运行系统的安全，即保证信息处理和传输系统的安全，它侧重于保证系统正常运行，避免系统崩溃而对系统存储、处理和传输的信息造成破坏，避免由于电磁泄漏产生信息泄露；

二是系统信息的安全，包括用户口令鉴别，用户存取权限控制，数据存取权限、方式控制，安全审计，安全问题跟踪，计算机病毒防治，数据加密；

三是信息传播的安全，指可对信息的传播进行控制，包括信息过滤等，对非法、有害的信息传播能进行控制，避免公用网络中大量自由传输的信息失控；

四是信息内容的安全，它侧重于信息的保密性、真实性和完整性，避免攻击者利用系统的安全漏洞进行窃听、诈骗等有损合法用户的行为。

网络空间安全专业，致力于培养"互联网+"时代能够支撑和引领国家网络空间安全领域，具有较强的工程实践能力，系统掌握网络空间安全基本理论和关键技术，能够在网络空间安全产业以及其他国民经济部门从事网络空间相关软硬件开发、系统设计与分析、网络空间安全规划管理等工作，具有强烈的社会责任感和使命感、宽广的国际视野、勇于探索的创新精神和实践能力的创新人才和行业高级工程人才。主要专业课程有高级语言程序设计、计算机网络、信息安全数学基础、密码学、操作系统原理及安全、网络安全、通信原理、可信计算技术、云计算和大数据安全、电子商务和电子政务安全、网络舆情分析、网络安全法律法规等。

网络空间安全专业毕业生能够从事网络空间安全领域的科学研究、技术开发与运营维护、安全管理等方面的工作。其就业方向有政府部门网络空间安全规范的制定，安全企业的安全产品研发，一般企业的安全管理和安全防护，国与国之间的空间安全协调，等等。

网络空间安全具有以下特征：

（1）网络空间安全是多维的安全。这种多维的安全要考虑环境安全、技术安全、管理安全。同时，网络空间安全不仅要具备被动的保护能力，还需要具备主动防御的能力，能够及时发现网络攻击与破坏行为，并且能够及时响应与恢复。

（2）网络空间安全是多层面的安全。不同层面的主体从不同角度分析，会对网络空间安全有着不同的理解。如从主体层面来看，网络空间安全是指建设和维护信息系统的安全，确保信息的保密性以及服务的及时性与有效性；从个人层面来看，网络空间安全是指保护个人隐私信息的安全。

（3）网络空间安全是动态的安全。网络空间安全不是一个孤立的话题，应在系统建设过程中同步考虑，从规划设计阶段一直到系统终止，贯穿整个信息系统的生命周期。从信息系统的角度来看，网络空间安全不是一个静止的状态，而是一个动态变化的过程；从历史的角度看，网络空间安全也不是一个静止的概念，它随着信息技术的进步而发展，随着产业基础、用户认识、投入产出的不同而变化。

（4）网络空间安全是相对的安全。由于技术局限性、环境复杂性以及需求变化等因素的限制，目前现实世界中不存在100%的安全。网络空间安全通常是指一定程度上的安全，如遵循适度安全的原则，遵循投入产出平衡、持续生存的原则。

（5）网络空间安全是无国界的安全。互联网在发挥重大积极作用的同时，也体现了国际性。网络空间安全不是某一个国家能够完全控制的，它具有全球化特点，应从全球信息化的角度考虑。

## 二、网络空间安全问题

网络空间安全有经济上的安全，也有文化生活中的安全。

（一）网络空间安全问题分类

网络空间安全问题复杂多样，新型网络空间安全问题与传统网络空间安全问题相互交织，使得网络空间面临的安全风险加大。

目前大体可以把网络空间安全问题分为以下几类。

1. 物理环境安全威胁

《信息安全技术　信息系统物理安全技术要求》（GB/T 21052—2007）将传统意义上的物理安全划分为信息系统物理安全、设备物理安全、环境物理安全、系统物理安全4个方面，物理环境安全威胁就是对这4个方面产生的安全威胁。

2. 系统软件漏洞

系统软件漏洞是指应用软件或操作系统在规划设计上的缺陷或错误，被非法授权使用，通过网络植入、病毒等恶意代码来攻击或控制整个信息系统，窃取信息系统中的重要资料，甚至破坏系统。

**3. 恶意程序**

恶意程序主要包括陷门、逻辑炸弹、特洛伊木马、蠕虫等。一般这些恶意程序分为不可复制和可复制两种，不可复制的恶意程序是指宿主程序调用时被激活的完成一个特定功能的程序；可复制的恶意程序由程序片段（病毒）或者独立程序（蠕虫）组成，执行时在同一个系统或其他系统中产生自身的一个或多个副本，之后被激活。

**4. 网络攻击**

网络攻击是指利用系统中存在的缺陷对系统的硬件、软件及其数据资源进行攻击。网络攻击主要分为主动攻击和被动攻击，其中主动攻击会导致数据流的篡改和虚假数据流的产生，如伪造数据，拒绝服务；被动攻击则不对数据信息做任何修改，如在未经用户许可的情况下截取数据、窃听信息。

**5. 信息泄露**

信息泄露是指人为因素导致重要的保密数据被复制、倒卖，以及系统被攻击导致的数据泄露。恶意程序和网络欺诈的出现使得信息泄露事件出现，引发网络空间安全事件。

**6. 网络违法犯罪**

网络违法犯罪是指行为人运用计算机技术，借助网络对系统或信息进行攻击或其他犯罪行为的总称，包括行为人运用网络编程、解码技术、软件指令、渗透工具在网络上实施的犯罪。

**7. 网络有害信息**

网络有害信息是指在网络上一切可能对现存法律法规、社会秩序、公共安全、伦理道德造成破坏或者威胁的数据、新闻、知识等多种类型网络传播的信息。

**8. 软件、硬件系统故障**

软件、硬件系统故障是指系统在运行过程中，由于某种原因停止运行，系统事务在执行过程中以非正常的方式终止，导致系统不能执行规定动作，甚至造成信息丢失的状态。

9.利用网络社会工程学实施威胁

利用网络社会工程学实施威胁基本上是通过利用被害人的好奇心、贪婪等人性弱点实施欺骗、伤害等。网络社会工程学是社会工程学的重要分支,利用网络社会工程学实施威胁是当下网络空间安全问题的常见种类。

## (二)信息传输过程可能存在的 4 种攻击类型

### 1.截获

信息在传输过程中被非法截获,并且目的节点没有收到该信息,即信息在中途丢失了,如图 1-1 所示。

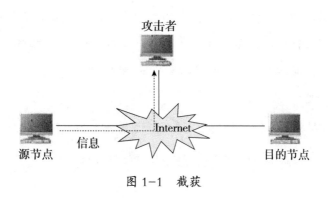

图 1-1　截获

### 2.窃听

信息在传输过程中被直接或间接地窃听,攻击者通过分析该信息得到所需的重要信息。这种情况下,信息仍然能够到达目的节点,并没有丢失,如图 1-2 所示。

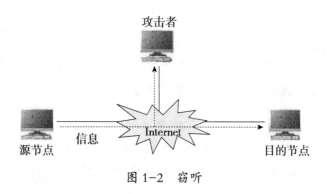

图 1-2　窃听

### 3.篡改

信息在传输过程中被截获，攻击者修改其截获的特定信息，从而破坏信息的完整性，然后将篡改后的信息发送到目的节点。在目的节点的接收者看来，信息似乎是完整、没有丢失的，但其实已经被恶意篡改过，如图1-3所示。

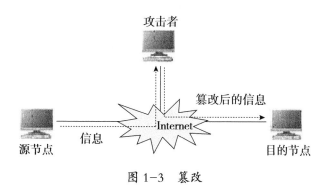

图 1-3  篡改

### 4.伪造

没有任何信息从源节点发出，但攻击者伪造信息并冒充源节点发出信息，目的节点收到的是伪造的信息，如图1-4所示。

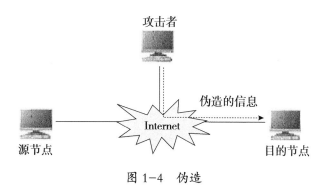

图 1-4  伪造

## （三）网络攻击的方式

### 1.服务攻击

服务攻击，即对网络中的某些服务器进行攻击，使其"拒绝服务"而导致网络无法正常工作。

2. 非服务攻击

利用协议或操作系统的漏洞来达到攻击目的，它不针对某一具体的应用服务，因此非服务攻击是一种更有效的攻击手段。

3. 非授权访问

存储在联网计算机中的信息或服务被未授权的网络用户非法使用，或者被授权用户越权滥用。

## 三、网络空间安全任务

《中华人民共和国网络安全法》是进行网络空间安全工作的法律依据。《国家网络空间安全战略》则明确了网络空间安全的九大战略任务：①坚定捍卫网络空间主权；②坚决维护国家安全；③保护关键信息基础设施；④加强网络文化建设；⑤打击网络恐怖和违法犯罪；⑥完善网络治理体系；⑦夯实网络安全基础；⑧提升网络空间防护能力；⑨强化网络空间国际合作。

## 第二节  网络空间安全策略与措施及其要求

### 一、网络空间安全策略

网络空间安全策略是在某一个特定的环境下，依据实际网络空间安全保障的基本需求制定的策略。目前常用的网络空间安全策略有以下几个方面：

1. 物理安全策略

物理安全策略是保护网络服务器、网络终端、交换机、路由器等硬件实体和传输链路免受自然灾害、人为破坏和网络窃听等威胁，确保网络空间中使用的各种设备有一个良好运行环境的策略。物理安全策略包括设备安置楼层及房间的自然环境选择、物理环境保障、设备管理制度、安全管理人员的配备等。

2. 访问控制策略

访问控制策略是保证网络空间资源不被非法使用的策略。通过身份认证、资源权限配置等方式限制不合法用户对资源使用，降低资源被窃取、泄露的概率，以达到保护信息安全的目的。访问控制策略不仅是保证网络空间安全的核心策略，还是保护网络空间资源的重要手段。

3. 数据加密策略

数据加密策略是保护网络空间中信息系统数据、通信链路传输数据等安全的一种策略。一般来说，通信链路传输数据安全可以在网络的数据链路层、网络层和应用层等通过加密技术实现；信息系统数据安全一般采用以数据库管理系统为核心的加密方式。数据加密策略是保证网络空间中数据资源安全的有效手段。

4. 安全审计策略

安全审计策略是通过跟踪精确定义的活动来帮助网络信息系统审计遵守业务相关和安全相关规则的策略，规则中可以选择网络信息系统需要监视的对象和行为，并将审计结果创建成日志，记录在相应的日志文件中。部署安全审计策略可以为网络空间威胁事件发生后查找原因提供重要依据。

5. 安全管理策略

安全管理策略是指通过策略要求制定有关的规章制度、管理办法的策略。通过规章制度与管理办法加强网络信息系统的等级管理、内部管理、应急管理等。安全管理策略是确保网络空间安全、可靠运行的有效方法。

## 二、网络空间安全措施及其要求

网络空间安全措施主要包括保护网络安全、保护应用安全和保护系统安全3个方面，各个方面都要综合考虑安全防护的物理安全、防火墙、信息安全、Web安全、媒体安全等。

（一）网络空间安全措施

1. 保护网络安全

保护网络安全是指保护网络端系统之间通信过程的安全性。保证机密性、完整性、认证性和访问控制性是保护网络安全的重要因素。保护网络安全的主要措施：①全面规划网络平台的安全策略；②确定网络安全的管理措施；③使用防火墙；④尽可能记录网络上的一切活动；⑤注意对网络设备的物理保护；⑥检验网络平台系统的脆弱性；⑦建立可靠的鉴别机制；⑧对于可疑的恶意程序要定时查杀。

2. 保护应用安全

保护应用安全主要是针对特定应用（如 Web 服务器、网络支付专用软件系统）所建立的安全措施，它独立于网络的其他安全措施。虽然有些安全措施可能是网络安全业务的替代或重叠，但是许多应用还有自己的特定安全要求。

由于电子商务中的应用层对安全的要求最严格、最复杂，因此更倾向于在应用层采取各种安全措施。

虽然网络层上的安全措施仍有其特定地位，但是人们不能完全依靠它来保障电子商务应用的安全性。应用层上的安全业务涉及认证、访问控制、机密性、数据完整性、不可否认性、Web 安全性、EDI 和网络支付等应用的安全性。

3. 保护系统安全

保护系统安全是指从电子商务系统或网络支付系统的角度进行安全防护，它与网络系统硬件平台、操作系统、各种应用软件等互相关联。涉及网络支付结算的系统安全包含下述措施：

（1）在安装的软件中，如浏览器软件、电子钱包软件等，检查和确认未知的安全漏洞。

（2）技术与管理相结合，使系统具有最小安全风险。如通过诸多认证才允许连通，对所有接入数据进行审计，对系统用户进行严格安全管理。

（3）建立详细的安全审计日志，以便检测并阻止入侵。

（二）网络空间安全措施要求

（1）保密性：信息不泄露给非授权用户、实体的特性。

（2）完整性：数据未经授权不能改变的特性，即信息在存储或传输过程中保持不被修改、不被破坏和不被丢失的特性。

（3）可用性：可被授权实体访问并按需求使用的特性，即当需要时能够存取所需的信息。例如，网络环境下拒绝服务、破坏网络和有关系统的正常运行等都属于对可用性的攻击。

（4）可控性：对信息的传播及内容具有控制能力的特性。

## 三、网络空间安全管理

网络空间安全的复杂性、多变性和信息系统的脆弱性，导致出现网络空间安全问题。在网络空间安全防护过程中，加强网络空间安全管理、制定安全管理规章制度，是确保网络空间安全、可靠运行的重要措施。

网络空间安全管理是网络空间安全体系中不可缺少的一部分，是以人为核心的策略和管理。理论上强调的"三分技术，七分管理"，说明网络空间安全中不仅有技术手段，还包括对人的管理，如内部员工安全意识教育、建立安全制度、制定安全规范等都属于网络空间安全管理。

1. 制定网络空间安全管理制度

网络空间安全管理制度是完善网络空间安全管理的重要基础，网络空间安全管理制度在明确总体方针和策略的基础上，说明安全工作的目标、范围、原则，制定网络空间安全运行维护人员和督查人员的日常操作规程及对系统变更等重要操作规范。

2. 完善网络空间安全管理方法

（1）安全管理机构的设置与职责

①在机构内设置安全管理人员负责安全管理工作，包括安全管理人员、安全

审计人员、系统管理人员及保安人员等。②统一规划网络空间安全，制定、完善安全策略，协调各方面安全事宜。③建立网络空间安全规章制度。④选择网络空间安全管理机构的负责人。⑤明确管理机构中各类人员的职责，制定有关责任追究制度。

安全管理机构的人员组成及职责如下：

一是安全管理机构负责人，其主要负责网络系统的整体安全。主要职责包括对系统的修改进行授权，对权限和口令进行分配，对每天违章的报告、系统工作审计记录等进行审阅，对管理人员进行培训，对重大安全管理事件进行汇报等。

二是安全管理人员，其可兼任网络管理员，主要职责包括安全策略的实施，保证安全策略的有效性，软件、硬件的安装与维护，安全事件的响应、处置、恢复和风险分析。

三是安全审计人员，其主要职责包括监控系统的运行情况，收集、记录非法访问事件并分析处理。必要时将审计的事件及时汇报给安全管理机构负责人。

四是系统管理人员，其主要职责包括系统的软件、硬件的安全运行与维护，各类信息系统的分析和测试，网络通信的管理和维护。

五是保安人员，其主要职责包括非技术性的安全保卫工作。

（2）安全人事管理

事实上，大部分安全问题是人为差错造成的，在网络空间安全管理的诸多要素中，安全人事管理是最重要的。安全人事管理的主要职责包括制定安全人事管理的规章制度，监督和制约工作人员各司其职，保证系统安全运行。安全人事管理的主要工作内容一般是人事审查录用、保密协议签署、岗位职责确定、工作考核评价、培训计划制定、人事档案管理等。

网络空间安全人事管理应该遵循以下原则：

①多人负责原则。如《互联网安全保护技术措施规定》提出，公安机关在监督检查时，监督检查人员不得少于二人，并应当出示执法身份证件。

②任期有限原则。一般情况下，任何人不能长期担任与安全有关的职务，应该遵循任期有限原则，工作人员应不定期地循环任职。强制施行休假制度，并对

工作人员进行轮流培训，使任期有限原则切实可行。

③职责分离原则。网络管理或系统管理人员不应了解或参与职责以外与安全有关的事情。对于计算机操作、计算机编程、机密资料接收和传送、安全管理和系统管理、应用和系统程序编制、访问证件管理等都要进行安全考虑，相关网络安全处理工作应当分开。

④最小权限原则。对任何安全管理人员，只授予其完成本职工作所需要的基本权限，分散超级用户的权限。

（3）系统规划建设管理

系统规划建设是面向发展远景的系统开发计划建设，一般的系统规划建设投资巨大、历时周期长，规划不好不但会对自身造成损失，而且会引起系统运行中的间接损失，因此，系统规划建设管理是网络信息系统规划中的重要内容。

系统规划建设管理的具体内容包括：

①在系统规划阶段应制定系统安全防护方案。方案中包括对边界、网络、主机数据的风险分析和防护措施。

②由相关部门和安全专家对系统安全防护方案的合理性、可行性、可靠性等进行论证评审。

③系统中的内网划分要设立独立的安全域，开发环境及工作环境应采取内部网络与互联网之间的安全隔离措施。

④系统应用前应进行代码审计，对功能模块、安全性等相关内容进行检测与整改；系统应用后要进行全程跟踪及恶意代码查杀等。

⑤系统建设开发人员应进行安全培训、签订保密协议等。

（4）系统运行维护管理

系统运行维护管理是指在系统运行中对其进行维护与管理。系统运行维护管理主要集中在性能管理与故障管理上，其主要工作是以日常运行维护管理流程为核心，以事件跟踪为主线，解决流程管理、事件管理、知识管理、综合分析管理等方面的问题。

系统运行维护管理的具体内容包括：

①及时更新资产责任部门、重要程度和所处位置等与系统相关的资产信息清单，对系统应用中的网络设备、应急物资等进行统一标识，并定期盘点。

②安全应急预案需要通过专家评审，需要对其定期审查并依据实际情况更新，对系统运行维护人员进行安全应急预案培训及定期演练。

③建立安全审计记录、日志管理制度。定期备份日志和审计记录，对日志访问与操作进行管控并记录归档。

④对通信线路、主机、网络设备及信息系统的运行状况、网络流量、用户行为等进行监控，妥善保存监控记录。必要时对监控记录进行分析、评审，形成分析报告并采取应对措施。

⑤定期对网络系统进行漏洞扫描、病毒查杀、补丁升级，对安全审计等事项进行集中分析，提出可行的安全措施。

⑥对系统环境实施统一策略的安全管理，对出入人员进行相应级别的授权，对重要安全领域的活动行为进行全程监督。

⑦对系统的变更、检修要符合申报和审批程序，对变更、检修等事件进行分析并记录，妥善保存所有文档和记录。

## 第三节　网络空间安全的重要意义

网络空间安全不仅关系到民生，还与国家安全密切相关。随着计算机网络的广泛应用，网络空间安全的重要意义尤为突出，体现在以下方面：

（1）计算机存储和处理的是有关国家安全的敏感信息，因此成为敌对势力的攻击目标。

（2）随着计算机系统的日益完善，系统组成越来越复杂，系统规模越来越大，特别是互联网迅速发展，存取控制、逻辑连接数量不断增加，软件规模空前扩大，任何隐含的缺陷、失误都能造成巨大损失。

（3）人们对计算机系统的需求在不断扩大，这类需求在许多方面都是不可逆转和不可替代的，而计算机系统使用的环境正在转向工业、农业、天空、海上等，故障率的增高导致可靠性和安全性的降低。

（4）随着计算机系统的广泛应用，各类应用人员队伍迅速发展壮大，教育和培训却跟不上知识更新的需要，操作人员、编程人员和系统分析人员的失误或缺乏经验都会造成系统的安全性降低。

（5）用户希望涉及个人隐私的信息在网络上传输时受到机密性、完整性和真实性保护，避免其他人利用窃听、冒充等手段侵犯自身隐私。

（6）网络运行和管理者希望本地网络信息访问、读写等操作受到保护和控制，避免出现陷门、病毒、非法存取、拒绝服务、网络资源非法占用和非法控制等威胁，防御网络黑客的攻击。

（7）安全保密部门希望对非法、有害或涉及国家机密的信息进行过滤和防堵，避免机密信息泄露，避免对社会产生危害，对国家造成巨大损失。

（8）从社会教育和意识形态角度讲，网络上不健康的内容，会对社会的稳定和人类的发展造成阻碍，必须对其进行控制。

## 第四节　提高网络空间安全素养

我国是互联网大国，也正在向互联网强国迈进。2017年12月8日，我国网络素养标准评价体系正式发布。网络素养标准的10条内容包括：认识网络——网络基本知识能力；理解网络——网络的特征和功能；安全触网——高度网络安全意识；善用网络——网络信息获取能力；从容对网——网络信息识别能力；理性上网——网络信息评价能力；高效用网——网络信息传播能力；智慧融网——创造性地使用网络；阳光用网——坚守网络道德底线；依法用网——熟悉常规网络法规。网络素养标准中的很多基本要求都体现了网络空间安全层面中的内容。

提高网络空间安全素养首先应从保护个人信息安全出发，加强个人对网络功能的认识与理解，提高网络空间安全意识，规范上网行为，准确获取网络空间信息，正确识别网络空间信息，理性评判网络空间信息，掌握基本的网络安全操作技能，努力做到高效、智慧、依法、安全使用网络，使网络能更好为人类文化的发展和文明的进步发挥作用。

网络空间安全素养就是个人素养在特定环境下的体现，包括网络空间使用过程中的保护责任与意识、在实际工作过程中的行为习惯、操作防护技能等几个方面。一名具备网络空间素养的好网民应该做到"四有"：一是有高度的网络空间安全意识；二是有网络空间文化所提倡的基本道德素养；三是有在网络空间安全守法的行为习惯，用法律法规的标准规范自己的网络空间言行；四是有必备的网络空间安全防护技能。既能够积极发现问题、解决问题，又能够有诚信、不作假使用网络；既具有辨识信息的能力，又具备应对信息威胁的能力。

各行业都应该进行整体网络空间安全规划。针对各行业对网络空间安全的不同需求，提出不同的安全标准、不同的安全制度、不同的应对机制，要有计划、有步骤地推动网络空间安全素养整体的发展，勇于承担，勤于作为。

## 习题一

1. 网络空间的安全问题主要有哪些？

2. 做好网络空间安全有什么重要意义？

3. 简述网络空间安全的组成部分。

4. 简述网络空间安全策略。

5. 简述网络空间安全措施。

6. 如何提高网络空间安全素养、做好网络空间安全管理？

# 第二章　网络空间安全技术

　　针对来自不同方面的网络空间安全威胁，需要采取不同的安全对策，从制度、法律、技术和管理上采取综合措施，以便相互补充，达到较好的安全效果。技术措施是最直接的屏障。网络空间安全技术涉及法律法规、标准、机制、措施、管理等方面，是网络空间安全的重要保障。具体包括安全漏洞扫描、数据加密、数字签名、访问控制、防火墙、入侵检测、恶意代码和病毒防范等一系列技术。

　　常用、有效的网络空间安全技术如下：

　　1. 加密技术

　　加密技术多种多样，在信息网络中一般利用信息变换规则把明文的信息变成密文的信息。攻击者即使得到经过加密的信息，也不过是得到一串毫无意义的字符。加密技术可以有效化解截取、非法访问等威胁。加密技术相关算法主要可以分为对称加密算法、非对称加密算法和哈希算法 3 种。

　　对称加密算法中，加密密钥和解密密钥相同或者可以由其中一个推算出另一个，通常把参与加密、解密过程的相同密钥叫作会话密钥。非对称加密算法中，加密和解密过程使用不同的密钥，使用非对称加密的每个用户拥有一对密钥，其中一个作为公钥，公钥是公开的，任何人都可以获得，另一个作为私钥，私钥是保密的，只有密钥的拥有者知道。哈希算法是通过一个单向数学函数，将任意长度的数据转换为一个定长的、不可逆转的数据，这段数据通常叫作"消息摘要"。

　　2. 身份认证技术

　　身份认证技术是为确认操作者身份而产生的解决方法。计算机网络中的一切，包括用户的身份信息都是用一组特定的数据来表示的，计算机只能识别数字身份，所有对用户的授权也都是针对数字身份的授权。如何保证操作者的物理身份与数字身份相互对应？身份认证技术就是用于解决这个问题的。作为防护网络空间安全的第一道关口，身份认证技术有着举足轻重的作用。

在网络空间安全中经常使用的身份认证技术有短信密码、智能卡、动态口令牌、数字签名、生物识别等。

### 3. 虚拟专用网技术

虚拟专用网被定义为通过公用网络建立临时、安全的连接，是在公用网络上建立的安全、稳定的隧道，使用这条隧道可以对数据进行加密，达到安全使用互联网的目的。虚拟专用网是对企业内部网的扩展，可以帮助远程用户与公司的内部网建立可信的安全连接，并保证数据的安全传输。虚拟专用网不仅可用于移动用户的接入，还可用于实现企业网站之间的安全通信，经济、有效地实现了商业伙伴间的互联和用户的安全外联。虚拟专用网可以提供的功能有数据加密、数据完整性、数据源认证、防重放攻击。

虚拟专用网有 3 种解决方案：远程访问虚拟专用网、企业内部虚拟专用网和企业扩展虚拟专用网。

### 4. 防火墙技术

防火墙技术是针对 Internet 网络不安全因素所采取的一种保护措施，其目的就是防止外部网络用户未经授权访问。它是一种计算机硬件和软件的结合，是在 Internet 与 Intranet 之间建立一个安全网关，从而保护内部网络免受非法用户侵入。

防火墙技术根据防范的方式和侧重点的不同，可分为 3 类：过滤防火墙、代理防火墙、状态监测防火墙。

### 5. 入侵检测技术

入侵检测技术是网络安全研究的一个热点，是一种积极主动的安全防护技术。它提供了对内部入侵、外部入侵和误操作的实时检测，在网络信息系统受到危害之前拦截相应入侵。入侵检测技术主要应用于入侵检测系统，主要功能有检测入侵前兆、归档入侵事件、评估网络遭受威胁程度和入侵事件后恢复等。

入侵检测技术按照方法可分为异常检测和误用检测 2 种类型；按照数据来源

可分为基于主机、基于网络、混合型 3 种类型。

入侵检测技术未来会朝着分布式入侵检测、智能化入侵检测和全方位安全防御 3 个方向发展。

6. 安全扫描技术

安全扫描技术也称脆弱性评估技术，采用模拟黑客攻击的方式对目标可能存在的安全漏洞进行逐项扫描，以便对工作站、服务器、交换机、数据库等各种设备、系统进行检测。

安全扫描技术按扫描主体可分为基于主机的安全扫描技术和基于网络的安全扫描技术；按扫描过程可分为 Ping 扫描技术、端口扫描技术、操作系统探测扫描技术、已知漏洞扫描技术。

7. 网络嗅探技术

网络嗅探技术是利用网络端口截获数据报文的一种技术。这种技术工作在网络底层，可以对网络传输数据进行记录，帮助技术人员查找网络漏洞，分析网络流量和检测网络性能，找出网络潜在的安全问题，判断问题的原因。网络嗅探技术是网络监控系统的实现基础。

8. 病毒防御技术

计算机病毒是对网络空间安全威胁比较大的因素之一，由存储介质相互传播，发展到多种渠道传播（存储介质传播、即时通信工具传播等）。同时，它的破坏性越来越大，由最初的破坏文件数据，发展到破坏信息系统，使网络瘫痪，甚至盗窃用户个人信息、钱财。

病毒防御技术是通过一定的技术手段防止计算机病毒对系统网络破坏和传染。病毒防御技术包括磁盘引导区保护、加密可执行程序、读写控制、系统监控等。

9. 访问控制技术

访问控制技术是防止对任何资源进行未授权访问，从而使计算机系统在合法的范围内使用。访问控制技术一般通过对用户身份预先定义的策略限制其使用数据资源的权限，通常用于系统管理员控制用户对服务器、目录、文件等网络资源的访问。访问控制技术是保障网络空间安全的关键之一。访问控制技术能够保证合法用户访问受保护的网络资源，防止非法用户访问受保护的网络资源或合法用户对受保护的网络资源进行非授权访问。

10. 数据备份与恢复技术

计算机系统经常会因各种原因不能正常工作，从而损坏或丢失数据，甚至使整个系统崩溃。为了不影响工作，将损失降到最低，一般通过数据备份技术保留用户甚至整个系统数据，当系统出现问题时可以通过备份恢复原来的工作环境。

数据备份有多种方式，在不同情况下，应该选择最合适的备份方式。按备份的数据量来划分，有完全备份、增量备份、差分备份和按需备份；按备份的状态来划分，有物理备份和逻辑备份；按备份的地点来划分，有本地备份和异地备份。数据恢复技术可分为软件和硬件问题数据恢复技术。

11. 网络安全审计技术

网络安全审计技术按照一定的安全策略，主要记录系统活动和用户活动信息，检查操作事件的环境及活动，从而发现系统漏洞、入侵行为并改善系统性能。它提高了系统安全性，也审查、评估了系统安全风险。

网络安全审计技术从审计级别可分为 3 种类型：系统级审计、应用级审计和用户级审计。

12. 电子数据取证技术

电子数据取证是指符合法律规定，能够为法庭所接受，对存在于网络设备的电子数据保护、获取、检验、分析、鉴定、归档的过程。新技术的快速发展为电子数据取证的创新应用奠定了基础，在实现电子数据取证过程中使用的软硬件设备都包含着大量的技术应用，如数据恢复技术、数据检索和解密技术、数据挖掘技术、数据监测和截获技术等。

由于网络空间安全的复杂性、多变性和信息系统的脆弱性，网络空间安全问题不时出现。除了主管部门根据法律进行监管，在日常的工作生活中更多靠使用者自身管理来保证网络空间的安全，加强网络空间安全管理、制定安全管理规章制度，是网络空间安全、可靠运行的重要保证。

下面，主要介绍病毒防御技术、数据加密和数字签名技术、数据库系统安全技术、防火墙技术、入侵检测与入侵防御技术、虚拟专用网技术、网络攻击的防御技术、操作系统安全技术、移动互联网应用技术。

第一节　病毒防御技术

由于计算机病毒与医学上的"生物病毒"有着相似的破坏性和传染性，人们把能够自我复制且具备破坏能力的计算机程序称为计算机病毒。计算机病毒修改宿主程序，并插入自身的精确复制器或可能演化的复制器，从而感染该宿主程序。由于这种感染特性，计算机病毒可随信息流的扩散而传播，从而破坏信息的完整性。

《中华人民共和国计算机信息系统安全保护条例》给计算机病毒下的定义是"计算机病毒，是指编制或者在计算机程序中插入的破坏计算机功能或者毁坏数据，影响计算机使用，并能自我复制的一组计算机指令或者程序代码。"

有信息安全研究者认为，计算机病毒是一种程序，它用修改其他程序或获取与其他程序有关信息的方法，将自身的精确复制器或可能演化的复制器放入或链入其他程序，从而感染其他程序。

## 一、计算机病毒的分类

计算机病毒不是一个独立存储并运行的文件，而是嵌入宿主程序并借助宿主程序而运行的一段代码。根据所依附的宿主程序的不同，可将计算机病毒分为可执行文件病毒、引导扇区病毒和宏病毒3类。

1. 可执行文件病毒

可执行文件是指可以由操作系统进行加载执行的文件。在不同的操作系统环境下，可执行程序的呈现方式不同。例如，在 Windows 操作系统下，可执行程序

可以是 .exe 文件、.sys 文件、.com 文件等。

当病毒感染一般的可执行文件时，病毒会修改原文件的参数，并将病毒自身程序添加到原文件。当一个病毒嵌入可执行文件时，它可嵌入头部、尾部或文件中间。

如果病毒嵌入可执行文件的头部，当宿主程序被执行时，操作系统首先会运行病毒代码，然后运行宿主程序。此类病毒较宿主程序优先获得了运行权，所以用户很难发现病毒的存在。如果病毒嵌入可执行文件的尾部，病毒为了使自己具有优先运行权，必须修改宿主程序的参数，加入一条跳转指令，使得在宿主程序执行时首先跳转执行病毒代码，执行完病毒代码后再运行宿主程序。当病毒嵌入文件中间位置时，由于宿主程序被病毒一分为二，一方面，需要采用零长度嵌入技术使得病毒的隐藏更加隐蔽；另一方面，病毒嵌入后不能影响宿主程序的运行，同时要使病毒优先于宿主程序运行，这对病毒的编写提出了更高的要求。

2. 引导扇区病毒

计算机的启动过程如图 2-1 所示。首先，BIOS 启动代码经过一系列的检查后定位到磁盘的主引导区，运行存储在其中的主引导记录；其次，主引导记录从分区表中找到第 1 个活动分区，并执行其中的分区引导记录；最后，分区引导记录负责装载操作系统。

图 2-1　计算机的启动过程

在上述过程中，引导型病毒的攻击目标就是主引导区和分区引导区。通过感染引导区上的引导记录，计算机病毒就可以在系统启动时优先于操作系统取得系统的控制权，从而实现对系统的控制。

3. 宏病毒

从传统意义上来说，在计算机中存储的 .doc、.docx、.pdf、.dwg 等数据文件都是非执行文件，这些文件不会感染可执行文件病毒。但是，目前大量使用的数据文件格式支持在其中保存一些当可执行代码在打开这些数据文件时自动执行的代码，从而完成一些自动化数据处理功能。数据文件中保存的可执行代码称为宏。目前支持宏指令的软件包括 Office、Flash Player、Adobe Reader 等。

由于保存在数据文件中的宏指令可以在文件打开时被执行，这些特定格式的数据文件便成为计算机病毒的攻击目标。宏病毒是一种寄存在数据文件中的计算机病毒，它感染数据文件的方式是将自身以宏指令的方式复制到数据文件中。当被感染宏病毒的数据文件在应用软件中打开时便自动执行宏指令。以 Word 宏病毒为例，当 Word 文件感染了宏病毒后，一旦用应用软件打开该文件，其中的宏就会被执行，宏病毒就会被激活，转移到计算机上，并驻留在 Normal 模板上。从此以后，所有自动保存的文档都会"感染"上这种宏病毒，而且如果其他用户打开了感染病毒的文档，宏病毒又会转移到他们的计算机上。

## 二、计算机病毒的防御方法

计算机病毒是指未经授权认证，攻击者从其他计算机系统经存储介质或网络传播，以破坏计算机系统完整性为目标的一组指令集。该指令集不全是二进制执行文件，还包括脚本语言代码、宏代码或寄生于其他代码的段指令等。计算机病毒由攻击者根据个人意图而编写，其意图包括窃取他人计算机上的信息、远程控制被攻击的计算机、占用网络资源、拒绝服务、恶作剧等。

计算机病毒防御需要通过建立有效的防御体系和管理制度，从技术、制度和习惯多个层面同时开展工作。具体可从预防、检测和清除 3 个方面进行计算机病毒防御。

1. 病毒的预防

有效预防计算机病毒，可从以下几个方面加强管理或提高安全意识。

（1）使用正版软件。正版软件有一定的安全保障，不会因为这些软件本身隐藏计算机病毒而感染计算机。

（2）安装反病毒软件。在安装好操作系统后，首先要安装 1 套功能较为齐全的反病毒软件。

（3）备份重要数据。为了防止重要数据被病毒修改后无法恢复，要养成对重要数据进行及时备份的习惯。

（4）加强文件传输过程中的安全管理。不论是通过 U 盘等移动存储介质在计算机之间复制文件，还是通过网盘、邮箱等方式传输文件，在打开文件之前一定要进行查病毒操作，防止这些文件隐藏病毒。

（5）不打开可疑的 Web 链接。对于可疑的 Web 链接，不要轻易打开。

2. 病毒的检测

常见计算机病毒的检测方法主要分为以下几种：

（1）特征代码法。特征代码法是利用特征代码病毒样本库，在具体检测时比对被检测的文件中是否存在病毒样本库中的代码，如果有，就认为该文件感染了病毒，并根据病毒样本库来确定具体的病毒名称。

特征代码法的有效性建立在完善的病毒样本库的基础上。病毒样本库的建立需要采集已知病毒的样本，即提取病毒特征代码。提取病毒特征代码的基本原则是提取到的病毒特征代码具有独特性，即不能与正常程序的代码吻合。同时，提取到的病毒特征代码长度应尽可能短些，以减少比对时的空间和时间开销。

特征代码法的优点是检测准确、速度快、误报率低，且能够确定病毒的具体名称。但缺点是不能检测出病毒样本库中没有的新病毒。该方法在单机环境中的检测效果较好，但在网络环境中的检测效率较低。

（2）校验和法。校验和法是指首先计算出正常文件程序代码的校验和，并保存在数据库中，在具体检测时将被检测程序的校验和与数据库中的值进行比对，从而判断是否感染了计算机病毒。

校验和法的优点是可检测到各种计算机病毒（包括未知病毒），能够发现被检测文件的细微变化。其缺点是误差率较高，因为某些正常的程序操作引起的文件内容改变会被误认为是病毒攻击所致。同时，该方法无法确定具体的病毒名称。

（3）状态监测法。状态监测法是指利用计算机感染病毒及被破坏时表现出的一些与正常程序不同的、特殊的状态特征，以及根据人为的经验来判断是否感染了计算机病毒。其通过对计算机病毒长期观察，识别出病毒行为的具体特征。当系统运行时，监视其行为，如果出现病毒感染，立即进行识别。

从原理上讲，状态监测法可以发现所有的病毒，但与校验和法一样都可能产生误报，且无法识别病毒的具体名称。

（4）软件模拟法。软件模拟法针对多态病毒。多态病毒是指每次传染特征代码都发生变化的病毒。由于多态病毒没有固定的特征代码，并且在传播过程中使用不固定的密钥或随机数来加密，或者在病毒运行过程中直接改变病毒代码，病毒检测的难度增加。软件模拟法可监视病毒的运行，并可以在虚拟机环境下模拟执行病毒的解码程序，将病毒密码破译，还原真实的病毒程序代码。

软件模拟法将虚拟机技术应用到计算机病毒的检测，可以有效应对通过加密变形的病毒，但对计算机软硬件环境的要求相对较高。

3.病毒的清除

计算机病毒的清除是一个较为复杂的过程，从操作过程来看，可分为手动清除和软件清除 2 种。手动清除是指操作系统在检测到病毒后，从受感染的文件中手动清除病毒并恢复正常的程序；软件清除是指使用专用杀毒软件实现对病毒的清除操作。不管采用哪种方法，其目的都是将病毒代码从受感染的程序中清除而不破坏原有的程序。例如，对于引导型病毒，可识别其针对的是 Boot 扇区、FAT 表和主引导区中的哪一种，从而采取相应的方法来清除病毒代码；对于文件型病毒，则需要在完全掌握病毒特征代码后，将特征代码从原有的程序中清除。不过，如果文件同时遭到多种病毒的感染，就需要同时采取多种方法对病毒代码进行清除操作。

下面具体介绍一下网络蠕虫（简称蠕虫）、木马、后门、僵尸网络等的防御技术。

（一）网络蠕虫的防御

网络蠕虫是一种智能化、自动化的不需要计算机使用者干预即可运行的攻击程序，它会攻击网络上存在系统漏洞的节点主机，通过互联网从某个节点传播到另外的节点。随着互联网应用的不断普及和深入，网络蠕虫对计算机系统和网络系统的威胁日益增强，特别是在网络环境下，多样化的传播途径和复杂的应用环境使网络蠕虫攻击发生频率增高，其已经成为网络系统的极大威胁。

网络蠕虫具有智能化、自动化的特征，具有相当的复杂性和行为不确定性，从发生的多起网络蠕虫事件可以看出，从发现系统漏洞到网络蠕虫爆发的时间越来越短，而从网络蠕虫爆发到网络蠕虫被消灭的时间却越来越长，网络蠕虫的防御和控制越来越困难。

对网络蠕虫的防御和控制主要采用人工手段。针对主机，主要采用手动或软件检查、清除，给系统打补丁、升级，采用个人防火墙，断开感染网络蠕虫的机器等方法；针对网络，主要采用在防火墙或边缘路由器上关闭与网络蠕虫相关的端口、设置访问控制列表和设置内容过滤等方法。

由于网络蠕虫的爆发非常迅速，而且不同类型的网络蠕虫攻击对象不尽相同，所以采取的防御手段也有所不同。下面结合不同类型的网络蠕虫，介绍几种防御方法。

1. 基于蜜罐技术的网络蠕虫检测和防御

早期蜜罐技术主要用于防范网络攻击，随着技术的发展，蜜罐技术也开始应用于网络蠕虫等恶意代码的检测和防御。例如，在边界网关或易受到网络蠕虫攻击的地方放置多个蜜罐。蜜罐之间可以共享捕获的数据信息，采用 NIDS（网络入侵检测系统）的规则生成器产生网络蠕虫的匹配规则。当网络蠕虫扫描存在漏洞的地址空间时，蜜罐可以捕获网络蠕虫扫描攻击的数据，然后采用特征匹配方法来判断是否有网络蠕虫攻击。

基于蜜罐技术的网络蠕虫检测和防御方法可以转移网络蠕虫的攻击目标，减弱网络蠕虫的攻击效果。同时，蜜罐技术为网络安全人员研究网络蠕虫的工作机制、追踪网络蠕虫攻击源、预测网络蠕虫的攻击目标等提供了大量有效的数据。另外，蜜罐具有良好的隐蔽性。

该方法的不足表现为蜜罐要想诱骗网络蠕虫要依赖大量因素，包括蜜罐命名、蜜罐放置在网络中的位置、蜜罐本身的可靠性等。同时，虽然蜜罐可以发现存在大量扫描行为的网络蠕虫，但针对路由扫描和 DNS 扫描网络蠕虫时效果欠佳。另外，蜜罐很少能在网络蠕虫传播的初期发挥作用。

2. 用良性网络蠕虫抑制恶意网络蠕虫

网络蠕虫引入计算机领域最早是为了进行科学辅助计算和大规模网络性能测试，网络蠕虫本身也体现了分布式计算的特点，所以可以利用良性网络蠕虫来抑制恶意网络蠕虫。良性网络蠕虫一方面应具有高度的可控性和非破坏性，另一方面应尽量避免增加网络负载。

良性网络蠕虫可以通过以下几种方式传播：利用恶意网络蠕虫留下的后门；利用恶意网络蠕虫攻击的漏洞；利用其他未公开的系统漏洞；利用被攻击主机的授权等。

良性网络蠕虫具有以下优势：良性网络蠕虫对用户透明，不需要隐蔽模块，可以充分利用集中控制的优势；分时、分段慢速传播，尽量不占用网络和主机资源；同一个良性网络蠕虫可以执行不同的任务，只需从控制中心下载不同的任务模块，然后将结果汇总到控制中心。良性网络蠕虫是未来网络蠕虫研究的方向。

3. 切断高连接用户

随着 QQ、微信等即时通信（IM）技术的快速发展，针对该类应用的 IM 网络蠕虫开始出现并产生威胁。即时通信是一种基于 Internet 的网络应用，任意两个即时通信客户端在服务器的帮助下能够实现方便而快捷的通信。IM 网络蠕虫是一种利用即时通信系统和即时通信协议的漏洞或者技术特征进行攻击，并在即时通信网络内传播的网络蠕虫。

针对 IM 网络蠕虫，可采取的防御方法是切断用户与服务器之间的连接，使其无法进行即时通信，从而减缓 IM 网络蠕虫的传播，为 IM 网络蠕虫分析和发布补丁赢得时间。该方法虽然能够起到延缓 IM 网络蠕虫传播的作用，但是仍会给一些用户带来严重的影响。

## （二）木马的防御

特洛伊木马病毒简称木马，是一种新型的恶意代码。它利用自身所具有的植入功能，或依附其他具有传播能力的病毒，或通过入侵后植入等多种途径，进驻目标主机，收集各种敏感信息，并通过网络与外界通信，向指定的地址发送收集到的敏感信息。同时，木马会接收植入者的指令，完成其他操作，如修改指定文件、格式化硬盘等，而且会对目标主机进行远程控制。

网页木马是在宏病毒、传统木马等恶意代码基础上，随着 Web 技术的广泛应用发展出来的新形态恶意代码。与宏病毒通过 Word 文档中的恶意宏命令实现攻击相似，网页木马一般通过 HTML 页面中的恶意脚本达到在客户端下载、执行恶意文件的目的，而整个攻击流程是一个"特洛伊木马式"的隐蔽、用户无察觉的过程。因此，通常称这种攻击方式为"网页木马"。

1. 传统木马的防御方法

与其他恶意代码的清除方法一样，木马的清除也分为手动或软件检查、清除两种方法。同时，在清除之前要准确地发现并确定木马的位置，在清除之后或木马入侵之前还要做好相关的防御工作。

对于传统的木马，一般可以通过以下方法进行防御：一是关闭不用的端口，与外界通信是木马区别于其他恶意代码的特征，所以为了防止木马入侵，一种有效的方法是关闭本机不用的端口或只允许指定的端口访问。二是使用专杀木马的软件对系统进行经常性"体检"。三是注意查看进程，掌握系统运行状况，观察是否有一些不明进程正在运行并及时终止不明进程。

在此基础上，用户还应注意以下操作：

（1）定期进行补丁升级，这可以有效防止非法入侵。

（2）下载软件时选择可信的官方网站，在安装或打开来历不明的软件或文件前先用杀毒软件进行检查。

（3）不随意打开不明网页链接，尤其是不良网站的链接。

（4）使用网络通信工具时，不轻易接收来路不明的文件，如果一定要接收，可在"工具"菜单栏的"文件夹选项"中取消"隐藏已知文件类型扩展名"选项，以便查看文件类型。

（5）对计算机系统中的有关账户设置口令，并及时删除或禁用过期账户。

（6）对重要文件定期备份，以便被木马破坏后能够迅速恢复。

2. 网页木马的防御方法

根据网页木马防御对象位置的不同，可将其分为网站服务器端网页挂马防御、基于代理的网页木马防御和客户端网页木马防御 3 种类型。

（1）网站服务器端网页挂马防御。为了扩大攻击脚本及攻击页面的范围，并提高攻击能力，增强隐蔽性，攻击者需要对互联网上大量页面进行网页挂马。因此，网站服务器端挂马防御就成为网页木马防御中的第一个环节。网页挂马有多种途径，主要包括利用网站服务器系统漏洞、利用内容注入等应用程序漏洞、通过广告位和流量统计等第三方内容挂马。

利用网站服务器端系统漏洞来篡改网页内容，是常见的网页挂马途径，即攻击者发现网站服务器上的系统漏洞，并利用该漏洞获得相应权限后，可以轻而易举地篡改页面。网站服务器端可以通过及时安装系统补丁程序及部署一些入侵检测系统来增强自身的安全性。网站服务器端在网页挂马防御中，除了应关注系统及应用上的安全漏洞，也有必要对页面中的第三方内容进行安全审计。

（2）基于代理的网页木马防御。基于代理的网页木马防御是在页面被客户端浏览器加载之前，在一个代理环境中对页面进行检测或处理。

客户端访问的任何页面都首先在该代理处用基于行为特征的检测方法进行网页木马检测。如果判定访问的页面被挂马，就给客户端反馈一个警示信息。基于代理的网页木马防御技术发展较快，具体的实现方法多种多样，"检测阻断"式的网页木马防御方法便是其中一种。在"检测阻断"式的网页木马防御方法中，既要在代理处有效检测出被挂马页面并阻止加载该页面，又不能在用户体验上有明显的差别。

（3）客户端网页木马防御。客户端网页木马防御方法可分为 URL 黑名单过滤、浏览器安全加固和操作系统安全扩展 3 种类型。

①URL 黑名单过滤。Google 将基于页面静态特征的检测方法与基于行为特征的检测方法相结合，对其索引库进行检测，生成一个被挂马网页的 URL 黑名单，并对 URL 黑名单中的搜索结果做标识。基于 URL 黑名单过滤的最大问题在于时间上的非实时及范围上的不全面，被挂马页面的数量每月都会增加，虽然 Google 周期性地检测页面，但一个页面很可能在被判定为良性之后挂马，用户浏览该页面时就可能遭到攻击。尽管 Google 爬取大量页面并对其进行检测，但仍无法保证全面覆盖。

②浏览器安全加固。浏览器安全加固主要通过在浏览器中增加一些攻击代码检测和利用已知漏洞特征检测功能来实现。不过，该方法只能针对利用内存破坏漏洞类的网页木马，因此并不是一劳永逸的方法。

③操作系统安全扩展。由于浏览器存在各种漏洞，是一个不安全的环境，而客户端的操作系统是一个相对安全的环境，可通过对操作系统进行安全扩展，阻断网页木马攻击流程中未经用户授权的恶意可执行文件下载、安装和执行环节。具体思路是任何通过浏览器进程下载的可执行文件都会被放入一个虚拟的、权限受限的隔离存储空间，只有经过用户确认的下载文件才会被转移到真实的文件系统。

（三）后门的防御

后门也称陷阱门，是允许攻击者绕过系统常规安全控制机制而获得系统控制权的程序，是能够根据攻击者的意图而提供服务的访问通道。根据实现方式的不同，可以将后门分为网页后门、线程插入后门、扩展后门、C/S 后门和账户后门等。

作为恶意代码家族中的一员，后门既反映了恶意代码的共性，也表现出独有的特点，后门是访问程序和在线服务的秘密方式。通过安装后门，攻击者可"拥有"一条秘密通道，不必通过正常的登录认证方式即可访问。后门对系统安全的威胁是潜在的、不确定的。

后门隐藏包括应用级隐藏和内核级隐藏，其检测和防御方法也分为应用级和内核级。

1. 后门的应用级检测和防御

后门的应用级隐藏是常规的隐藏方法。通过修改、捆绑或替代合法应用程序来实现后门隐藏。早期的后门一般是在应用级实现隐藏的。

对于后门来说，无论采用什么方式植入，或采用什么样的伪装隐藏手段，总可以通过一些方法来进行检测和防御。对于应用级隐藏，最有效的检测方法是完整性检测。

Tripwire 是文件系统完整性检测工具。首先使用特定的特征码函数，为需要监视的系统文件和目录建立一个完整性特征数据库，这里所讲的特征码函数就是使用任意的文件作为输入内容，产生一个固定大小的特征码函数。入侵者如果对文件进行了修改，即使文件大小不变，也会破坏文件的完整性特征码。利用这个数据库，Tripwire 可以很容易发现系统的变化。

2. 后门的内核级检测和防御

后门的内核级隐藏可以分为 3 种类型：在支持 LKM 的操作系统上利用 LKM 机制实现隐藏、通过系统库来实现隐藏和利用内存映射来实现隐藏（它可以在不支持 LKM 技术的情况下实现内核级隐藏）。内核级隐藏是比较难检测的，能绕过目前绝大多数后门扫描工具、查杀病毒软件和入侵检测系统。

内核级后门是在内核级隐藏目录、文件、进程和通信连接等信息，它不修改程序二进制文件，因此，MD5 校验法也就失去了功效。按照内核级后门的隐藏特点，已经出现了一些不同类型的检测方法，如针对通过修改系统调用表来实现重定向，从而隐藏文件、进程和通信连接的后门，通过检查系统调用的内存地址就可以发现是否被植入了后门。另外，内核级后门一般都要进行内核模块加载，因此，通过监控内核的变化可以很好防御内核级后门。

（四）僵尸网络的防御

僵尸网络是攻击者出于恶意目的、传播僵尸程序控制大量主机，并通过一对多的命令与控制信道所组成的网络。僵尸网络是从传统恶意代码基础上演化，并通过融合发展而成的复杂的网络攻击方式。它已经成为互联网上严重的安全威胁，甚至已经发展成为"网络战"的"武器"。同时，僵尸网络本身具有的特性使其成为攻击者实施 DDoS 攻击、发送垃圾邮件、窃取敏感信息等行为的高效平台。

僵尸网络产生的根本原因是目前操作系统和网络体系结构存在局限性。操作系统和软件的漏洞导致僵尸程序感染，而互联网开放式的端到端通信方式，使攻击者可以相对容易地对僵尸程序进行控制。从根本上解决僵尸网络这一安全威胁，需要系统和网络体系结构的改变，而这一改变在短时间内是难以实现的。由于现有体系难以从根本上解决僵尸网络的问题，逐渐形成一种攻防双方持续对抗的态势。从安全防御的角度出发，了解僵尸网络的运行机制并及时跟踪其发展态势，有针对性地进行防御，是目前应对僵尸网络威胁的关键。

1. 僵尸网络的跟踪

充分了解僵尸网络的内部工作机制是防御者应对僵尸网络安全威胁的前提。僵尸网络跟踪为防御者提供一套可行的方法。其基本思想是先通过各种途径获取互联网上实际存在的僵尸网络命令与控制信道的相关信息，再模拟受控的僵尸程序加入僵尸网络，对僵尸网络的内部活动进行观察和跟踪。

部署包含蜜罐主机的蜜网是对僵尸网络进行跟踪的一种有效方法。利用蜜网，可以捕获到互联网上实际传播的大量僵尸程序，然后分析出僵尸程序所连接的 IRC 命令与控制信道信息，包括 IRC 服务器的域名及 IP 地址和端口号、连接 IRC 服务器的密码、僵尸程序用户标识和昵称的结构、加入的频道名和可选的频道密码等，再使用 IRC 客户端追踪工具加入僵尸网络进行跟踪。

通过对僵尸网络的跟踪，可以较全面了解控制服务器位置、行为特性和结构特性，为防御者进一步检测与处置提供了充分的信息支持。不过其存在一些不足之处：①基于蜜网技术的采集和跟踪方法无法有效地检测出全部活跃的僵尸网络，无法为互联网用户提供直接保护；②僵尸网络控制者在察觉到被跟踪后，可以采取信息裁减机制、更强的认证机制等加大跟踪难度，并减少跟踪所能够获取的信息；③各种基于 HTTP 协议和 P2P 协议的僵尸网络命令与控制机制的使用，为僵尸网络跟踪带来了较大困难；④防御者的跟踪一旦被发现，很可能导致僵尸网络控制者实施 DDoS 攻击。

2. 僵尸网络的防御与反制方法

（1）传统防御方法。由于僵尸程序仍是恶意代码，传统防御方法是加强互联网主机的安全防御等级以防被感染，并通过及时更新反病毒软件特征库清除主机中的僵尸程序。主要包括使用防火墙、DNS 阻断、补丁管理。

（2）创建黑名单。通过路由和 DNS 黑名单的方式屏蔽僵尸网络中恶意的 IP 地址和域名，是一个简单而有效的方法。在该方法中，获得恶意 IP 地址及域名等信息是关键。目前，已有一些研究机构和个人在网络上共享恶意 IP 地址和域名的黑名单。因此，只要能够确保黑名单的及时性和准确性，创建黑名单方法是非常有效的。

另外，针对 Web 方式传播僵尸程序的现象，各 Web 浏览器厂商都加入黑名单机制来阻止用户对恶意 Web 网址访问。例如，Google 公司启动 Google Safe Browsing 项目来收集挂马和僵尸程序宿主网页及钓鱼网站，并以黑名单的形式发布在 Firefox 和 Chrome 浏览器。

（3）关闭僵尸网络使用的域名。直接关闭僵尸网络所使用的域名或关闭其网络连接是一种直接有效的方法。例如，针对僵尸网络具有命令与控制信道这一基本特性，可以通过摧毁或无效化命令与控制机制使其无法对互联网造成危害。

（五）Rootkit 的防御

Rootkit 是一种能够同时针对操作系统的用户模式和内核模式进行程序或指令修改，达到规避系统正常检测机制、绕开安全软件监控与躲避取证手段目的，进而实现远程渗透、尝试隐藏、长期潜伏并对整个系统进行控制的攻击技术。Rootkit 不是一项新技术，却是恶意代码家族中发展最快、对系统安全威胁最大的技术。

网络攻击与防御是一个既对立又统一的过程。检测是防御的前提和重要组成部分，在 Rootkit 检测方法的基础上有以下几种防御类型。

1. 固件级防御

类似于针对 BIOS 的固件级 Rootkit 攻击，该攻击最接近系统的底层，而在操作系统启动之前就已完成了攻击代码的加载和隐藏，所以在重装系统或格式化硬盘后仍然无法清除。针对此类攻击行为，最有效的防御方法是在 Rootkit 攻击之前争取启动优先权，即让 Rootkit 防御代码优先于攻击代码加载，进而拦截 Rootkit 攻击代码，阻止攻击行为。

可信计算平台分别将 BIOS 引导模块和 TPM（可信平台模块）作为完整性度量和完整性报告的可信根，创建一条"CRTM-BIOS-OS-OS Loader-Application"的信息链，通过先度量再移交控制权的方式，确保每一个环节的可信性，为防御固件级和用户级的 Rootkit 攻击提供了一种行之有效的解决方案。

2. 用户级防御

用户级 Rootkit 攻击对象主要是运行在用户模式下的系统程序，包括系统 DLL 文件和应用程序的二进制文件，以及一些跳转表等。这一类攻击处于系统较低的特权级。攻击代码隐藏较为困难，已有的检测和防御技术能够有效地应对。例如，针对应用程序或文件的 Rootkit 攻击，检测和防御程序只需要比较原始对象和疑似被攻击对象之间的差异就可以做出判断并处理。

3. 内核级防御

由于内核级 Rootkit 攻击行为发生在操作系统的内核空间，其攻击代码多以 Windows 驱动程序或 Linux LKM 方式加载，并成为操作系统的一部分，拥有系统的最高特权级。与用户级 Rootkit 不同的是，内核级 Rootkit 不但能够实现自身深度隐藏，而且能够对系统内核及检测工具进行修改，其破坏性更大。另外，常规的检测方法难以检测到它的存在，防御难度大。

针对内核级 Rootkit 攻击的防御思路是实现操作系统内核模块与外部调入程序之间的有效隔离。这样，当 Rootkit 攻击代码通过 Windows 驱动程序或 Linux LKM 方式试图加载到系统内核时，就可以快速地进行判断和清除。

4. 虚拟级防御

虚拟化技术的出现和虚拟机的广泛应用为 Rootkit 攻击提供了一条新的途径。由于虚拟级 Rootkit 运行在物理硬件与操作系统之间，理论上其拥有比操作系统内核更高的特权级，可以对操作系统进行完全控制和操作，其危害程度进一步提升。

针对虚拟级 Rootkit 攻击的防御，目前已经取得了一些成果。例如，基于 HAV（硬件辅助虚拟化）技术，通过引入新的操作系统模式，使客户操作系统以较低的特权级运行，有效保护系统资源，防止 Rootkit 攻击行为发生。

## 第二节　数据加密和数字签名技术

### 一、数据加密技术

数据加密技术是一项重要的安全保护措施。随着近年来数据加密技术的发展，数据加密技术已经成为保障网络空间安全的核心技术。

（一）基本概念

密码学就是研究密码的科学，主要包括加密和解密两部分。密码学对很多人来说是陌生而神秘的，很长一段时间只在小范围使用。随着计算机运算能力的增强，密码学工作者利用计算机的运算能力进行加密、解密。数据加密就是借助密码学传统理论中的算法、密钥实现对重要数据的安全保障。

数据加密、解密过程（见图 2-2）中常用的相关概念如下：

（1）明文——数据信息的原文、没有加密的文字（或字符串）。

（2）密文——对明文进行加密后的数据信息。

（3）加密——明文转换为密文的过程。

（4）解密——密文转换为明文的过程。

（5）密钥算法——用于加密和解密的变换规则，可称为密码函数，包括加密算法和解密算法。

（6）密钥——加密和解密过程中使用算法的参数，包括加密密钥和解密密钥。

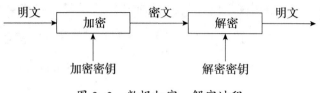

图 2-2　数据加密、解密过程

（二）密码体制与算法

密码体制也称密码系统，是指能完整解决信息安全中的保密性、数据完整性、认证、可控性及不可抵赖性等问题中一个或几个问题的系统。一般的密码系统由认证模块、系统功能模块和数据库组成，认证模块负责接收用户输入的密码，并将用户输入的密码与数据库中的密码进行比较，判断是否一致。一般密码保存在数据库中，网络应用的认证过程一般都采用这种方法。

密码体制主要分为两大类：对称密码体制与非对称密码体制。对应不同的加密系统，使用不同的加密算法。在对称密码体制中，加密和解密采用相同的密钥；在非对称密码体制中，加密和解密是相对独立的，加密和解密会使用不同的密钥。

随着计算机系统不断发展，因为对称加密算法和非对称加密算法有各自的优缺点，单独使用任何一种加密算法可能无法满足实际需求，所以要采用两种算法结合的方式来实现数据加密、解密，即混合式加密、解密，如图2-3 所示。

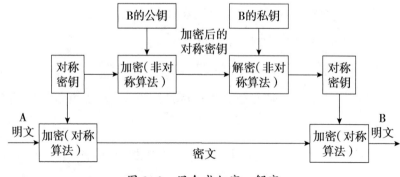

图 2-3　混合式加密、解密

（三）数据加密与密码应用

人们工作、生活中，每天都会生成、传输很多重要的数据，这些数据大部分以文件为基本单位进行保存。用户需要对一些重要的数据文件采取安全保护措施。实际上，对文件加密或在存储、传输前设置密码是比较有效的安全保护措施。下面介绍本地办公文档加密、文件加密保护方法。

1.本地办公文档加密

随着无纸化办公的推广，使用计算机处理工作变得越来越普及，用户在使用Microsoft Office、压缩工具等办公软件时，不经常注意安全防范的问题，使得办公文档的信息安全问题日益突出。下面介绍相关安全操作。

（1）Word 加密保护

Microsoft Office Word 中保护文档的方法包括标记为最终状态、用密码进行加密、限制编辑、限制访问、添加数字签名几种，在"文件"功能区可找到"保护文档"的下拉菜单，如图 2-4 所示。

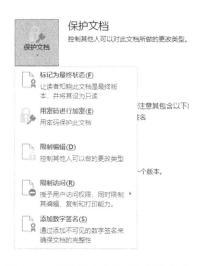

图 2-4 "保护文档"的下拉菜单

在上述保护文档的方法中，主要是通过"用密码进行加密"实现文档的密码保护，如图 2-5 所示。或者选择"限制编辑"选择"格式设置限制""编辑限制""启动强制保护"进行密码配置,如图2-6所示。或者在文件"另存为"时,在"工具"中选择"常规选项",对要保护的文档设置"打开文件时的密码""修改文件时的密码"。

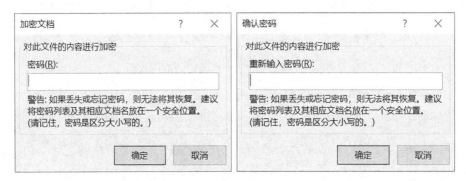

图 2-5　用密码进行加密

然后,在"确认密码"对话框的"请再次键入打开文件时的密码"和"请再次键入修改文件时的密码"文本框中输入相应的密码并确认。

（2）Excel 加密保护

Microsoft Office Excel 中保护工作簿的方法包括用密码进行加密、保护当前工作表、保护工作簿结构、添加数字签名、标记为最终状态几种。在"文件"功能区,可找到"保护工作簿"的下拉菜单,如图2-7所示。

图 2-6　限制编辑　　　图 2-7　"保护工作簿"的下拉菜单

在上述保护工作簿的方法中，也可以通过"用密码进行加密"实现文档的密码保护。

可以在"保护当前工作表"中输入密码，这里除了要保护工作表及锁定的单元格内容，还可以在"允许此工作表的所有用户进行"中勾选选定锁定单元格、设置单元格格式、设置列/行格式、插入列/行、插入超链接、删除列/行等内容。

或者可以在文件"另存为"时，在"工具"中选择"常规选项"，对要保护的工作簿配置"打开权限密码""修改权限密码"。在"确认密码"对话框的"重新输入密码"和"重新输入修改权限密码"文本框中输入相应的密码并确认。

（3）网络传输数据加密

除了通过设置密码等方式对文件进行保护，网络传输文件时应该进行加密数据保护。WinRAR 是进行网络传输数据前常用的软件工具之一，它包括压缩和加密功能，可以对网络传输前的文件或文件夹进行安全保护。另外，PGP 是一款广泛应用的加密软件。

2. 文件加密保护方法

下面主要介绍 WinRAR 加密保护和 PGP 邮件加密保护。

（1）WinRAR 加密保护

WinRAR 是一个强大的压缩文件管理工具，它不仅包括压缩功能，还可以进行加密保护。具体操作如下：

①选择要加密的文件夹或文件，右击，在弹出的快捷菜单中选择"添加到压缩文件"，在打开的对话框中选择"常规"选项卡，如图 2-8 所示。

②单击"设置密码"按钮，在弹出的对话框中，输入密码并再次输入密码以确认（见图 2-9）。

③加密完成后，这个压缩加密文件就可以通过互联网传输到其他用户的计算机。在解压这个压缩加密文件时，双击文件，输入压缩时设置的密码，可实现文件的解压解密。

图 2-8 "常规"选项卡页面　　　　图 2-9 输入密码并确认

（2）PGP 邮件加密保护

PGP 是一款基于 RSA 公钥加密体系的邮件加密软件，不仅可以用它对邮件进行加密保护，防止非授权者访问；还可以用它对邮件进行数字签名，使收信人确认邮件的发送者，并且确认邮件没有被篡改。使用 PGP 可以安全地与网友进行电子邮件通信，不需要任何保密的通道传递密钥。Internet 上传输的数据是公开的，所以必须对传输的电子邮件进行加密保护。PGP 不但能够保护传输文件不被非法窃取或更改，而且能够使接收者确定该电子邮件发送者的合法性。

①PGP 主要功能：通过 PGP 选项和电子邮件插件进行加密以及解密；创建、查看、管理密钥；创建自解密压缩文档；创建 PGPdisk 加密文件，加密文件以新分区的形式出现，可以在此分区内存储任何需要保密的文件；实现永久销毁文件、文件夹，并释放磁盘空间；完整进行磁盘加密，也称全盘加密；支持即时消息工具加密；实现网络共享资源加密；创建可移动加密介质。

②PGP 启动。在软件安装完成后会提示用户生成一个新密钥，并在任务栏中生成 PGP 图标。

③PGP 加密与签名。互联网中，用户之间用 PGP 进行电子邮件安全通信时，主要使用加密和签名功能。例如，在网络上通信的两个用户分别为 user1、 user2，用户要互相交换公钥，以 user1 导入 user2 的公钥为例，user2 要先导出公钥文件，通过网络传输给 user1，user1 再导入公钥文件。user1 成功导入公钥后，user1 并不信任 user2 的公钥，此时后面"已校验"图标是灰色的。

这种情况下要添加对 user2 公钥的信任关系，具体操作是选中 user2 的公钥，右击一下鼠标，在弹出的快捷菜单中选择"签名认证"。

签名认证后，灰色图标变为绿色。用同样的方法在 user2 中添加 user1 的公钥并签名认证。完成公钥互换后，user1、user2 可以用 PGP 进行文件加密传输。例如，user2 要给 user1 传输重要文件，操作过程如下：

user2 选择要传输给 user1 的重要文件，右击鼠标，在弹出的快捷菜单中选择"PGP 的多项"功能，从中选择"使用密钥保护"功能。

在添加用户密钥时要将 user1 的公钥添加上。

下一步生成扩展名为 .pgp 的加密文件，这个加密文件可以用网络传输给 user1，user1 用自己的私钥解密从而获得重要文件。除此之外，在加密过程中，可以添加 user2 的数字签名，将生成扩展名为 .sig 和 .pgp 的两个文件一起传输给 user1。

当 user1 获得重要文件时，可以使用 user2 的公钥去验证数字签名，在 user1 的 PGP 签名验证历史中，能够查询到验证结果。

（四）常见加密、解密软件

常见的加密、解密软件种类繁多，功能各异，这里以文件夹加密超级大师、U 盘超级加密 3000 为例介绍相关软件的使用。

1. 文件夹加密超级大师

文件夹加密超级大师是一款易用的加密软件，有文件夹加密、文件加密、磁盘保护、数据粉碎、禁止或只读使用 USB 存储设备等功能。此工具有较快的加密速度及较高的加密强度。

（1）文件夹加密

在主功能菜单中单击"文件夹加密"，选择要加密的文件夹，输入加密密码，选择加密类型后进行加密。

当打开或解密文件夹时，也要输入加密时的密码，同时软件支持屏幕键盘功能，以加强解密安全性。

（2）文件加密

在主功能菜单中单击"文件加密"，选择要加密的文件，输入加密密码、选择加密类型后进行加密。

当打开或解密文件时，要输入加密时设定的密码，同时软件支持屏幕键盘功能，以加强解密安全性。

（3）磁盘保护

在主功能菜单中单击"磁盘保护"，添加本地计算机中受保护的磁盘，并选择初级、中级、高级保护级别，实现对各个磁盘安全保护。

2. U 盘超级加密 3000

U 盘超级加密 3000 是一款专业的 U 盘和移动硬盘加密软件，有数据加密、文件加锁、文件夹伪装等功能。打开软件时需要输入密码，这也是实现软件安全的重要方式。

（1）闪电加密

打开软件的左侧文件列表，选择需要加密的文件或文件夹，单击"闪电加密"按钮。使用闪电加密功能对文件或文件夹的大小无限制。闪电加密后的数据会转移到软件右侧的闪电加密区。

（2）金钻加密

打开软件的左侧文件列表，选择需要加密的文件或文件夹，单击"金钻加密"按钮。用此功能加密后的文件和文件夹只有输入正确密码才能打开或解密。在弹出的密码文本框中输入密码，单击"确定"按钮。解密时也是在文件列表中选择需要解密的文件或文件夹，右击鼠标，在弹出的快捷菜单中选择"解密金钻加密"，在弹出的密码文本框中输入解密密码。

（3）文件夹伪装

打开软件的左侧文件列表，选择需要加密的文件或文件夹，单击"文件夹伪装"按钮。文件夹伪装后，打开文件夹看到的是伪装的内容，并不是文件夹的真正内容。在弹出的"请选择文件夹的伪装类型"对话框中，选择文件夹的伪装类型，单击"确定"按钮。解除伪装时，右击需要解除伪装的文件夹，在弹出的快捷菜单中选择"解除伪装"。

特别要提醒的是，在使用软件工具中的加密功能时要注意细节和熟练，否则容易误操作，使用户找不到加密过的文件或文件夹。

## （五）密码的安全设置

有人在设置密码时，为了使密码容易记忆而将其设置得十分简单，这样的密码虽然容易记忆，但容易被破解。为了保障用户安全使用，需要注意密码的安全设置。

1. 密码设置注意事项

（1）减少设置弱密码。如使用生日日期、电话号码、身份证号码、QQ 号码、邮箱号码等与个人信息有明显联系的数据。

（2）不要在多个应用使用同一个密码。应该为不同应用设置不同的密码，尤其是有关财务的网络银行等账户，避免一个账户密码被盗，导致其他账户密码也被轻易破解。

（3）不要长期使用固定密码。一般以 3 个月或半年为期限定期修改密码。

（4）加强密码的保存。避免把密码保存在计算机、U 盘、书籍里面。如果保存，则要采取安全保护措施。

2. 密码安全设置技巧

用户使用密码的场合越来越多，密码过于简单容易被破解，密码过于复杂又难以记忆。如何才能设置高效、安全的密码，并能很好地记忆密码呢？下面介绍几种方法。

（1）基础密码＋网站名称。例如，基础密码是"yesky"，那么登录百度时密码就可以是"yesky baidu"，登录 QQ 时，密码就可以是"yesky qq"。

（2）自己喜欢的单词＋喜欢的数字排列＋网站名称的前几个字母或者后几个字母。例如，登录淘宝时，密码可以是"flower100tao"或者是"Gold520tao"。

（3）选定基础密码后，输入时将手指在键盘上沿某一个方向偏移一些位置。

例如，基础密码是"helloworld"，输入时将手指向右平移一个键位，密码就变成"jr；；peptf"。

（4）使用一句话、一首诗、一首歌的拼音首字母缩写。例如，用"唐诗三百首"的拼音首字母，密码就是"tssbs"；用"二泉映月"的拼音首字母，密码就是"eqyy"。

（5）用自己家人或者朋友名字的拼音首字母、特殊的纪念日加上特殊符号。例如，密码"TFB@0707"。

3. 互联网应用密码设置

现以百度网盘的密码设置为例，说明设置安全密码的过程。

（1）把自己最常用的数字密码拿出来，如520。

（2）选择最想说的一句话，如"我爱吃水煮鱼"，则密码为wacszy（WACSZY）

（3）选择一个自己喜欢的特殊字符，如@。

（4）选择目标网站的第一个字母（或最后一个或两个字母）。如百度网盘，则可选择b。

将上述密码因子以任意排序的方式组合生成安全强度高的密码，如"特殊字符 + 常用密码 + 目标网站 + 一句话"，则百度网盘的密码就是@520bwacszy。当然可以调整字符顺序，密码也可以是520@bwacszy、wacszyb@520等。图2-10为百度网盘登录界面。

图 2-10　百度网盘登录界面

（六）密码的安全管理

现实中，每个用户工作、生活使用的计算机密码、手机密码、银行卡查询密码有很多，这就需要记忆大量的密码。纵然可以使用一些弱密码或者使用的密码一致，但为保证安全，无法使所有的密码都一样。有时候设置符合复杂度要求的密码，让用户很难准确记忆。这里介绍一个密码管理系统 KeePass。

KeePass 是开源密码管理系统。使用该系统不仅可以方便对各种文件加密，还可以将用户使用的密码或者 Key 文件保存在数据库，实现分类管理。它使用一个扩展名为 .kdbx 的数据库文件，用户可以指定数据库的管理密码、密钥文件、是否压缩等功能。同时可以记录用户名、密码、网址等信息。KeePass 可以安全、方便地进行密码管理和保护。

## 二、数字签名技术

密码体制与算法主要应用在数据通信的加密、解密过程，除此之外，在现实应用中需要对传输的数据进行数字签名，数字签名可以使用消息摘要算法来实现。一般对信息进行消息摘要算法加密称为消息指纹或数字签名。

消息摘要算法的主要特征是加密过程不需要密钥，并且经过加密的数据无法被解密，只有输入相同的明文数据，经过相同的消息摘要算法才能得到密文。消息摘要算法不存在密钥的管理与分发问题。消息摘要算法一般用于验证消息的完整性。

数字签名是只有信息的发送者才能生成且别人无法伪造的一段数字串，这段数字串也是对发送信息真实性的有效证明。数字签名过程是对非对称密钥加密技术与数字摘要技术的应用。因为使用非对称算法对数据签名的速度较慢，一般会先将消息进行摘要加密运算，生成较短的、固定长度的摘要值，然后将摘要值用私钥加密，得到数字签名。数字签名是保证信息完整性和不可抵赖性的手段。

## 三、身份认证

身份认证是鉴别用户身份的技术，也称"身份验证"或"身份鉴别"，用来确定该用户是否具有访问和使用权限，防止假冒合法用户获得访问权限，保证系统和数据的安全性及访问者的合法性。

身份认证主要包括识别和验证两部分，其中识别用于明确并区分访问者身份的信息，验证是对访问者的身份进行确认。目前身份认证的主要方式如下。

（1）基于口令的方式。口令就是平时使用的密码，一般情况下，相对安全的密码要符合密码复杂度要求。常见的口令包括2种。

①静态口令：用户在网络注册时自己设定的口令。一般在网络登录时输入正确的口令，计算机系统就认为是合法用户。

②动态口令：这是应用较广的一种身份识别方式，一般为5~8个字符，由数字、字母、特殊字符等组成。

口令认证是单一因素认证，安全性仅依赖口令系统，当口令泄露后，用户可以被冒充，有些用户选择简单、易被破解的口令，成为系统被攻击的突破口。

（2）基于智能卡的方式。每个用户持有的智能卡存储着用户个性化的秘密信息，在验证服务器上也存储一样的秘密信息。在进行认证时，用户输入PIN码（个人身份识别码），智能卡认证PIN码成功后，可读出智能卡中的秘密信息。

（3）基于短信密码的方式。短信密码认证是以手机短信的形式请求动态密码，身份认证系统发送随机的6位动态密码到用户的手机，用户在登录认证或者交易认证时输入此动态密码，确保系统用户认证的安全性。

（4）基于USB Key的方式。USB Key是一种USB接口的硬件设备，它内置单片机或智能卡芯片，可以存储用户的私钥以及数字证书，利用USB Key内置的公钥算法实现身份认证。基于USB Key的方式是近几年发展起来的一种方便、安全的方式。由于用户私钥保存在密码锁中，理论上使用任何方式都无法读取，从而保证了用户认证的安全性。

（5）基于生物特征的方式。生物特征识别是通过计算机利用人体所固有的生理特征或行为特征来进行身份鉴定的技术。在网络用户认证时，利用人体唯一、稳定的生物特征，如指纹、视网膜、声音、DNA 等，结合计算机和相关网络技术进行图像处理和模式识别。

（6）基于双因素的方式。这就是将 2 种认证方式结合起来，如"口令 + 验证码""口令 + 短信密码""PIN+ 智能卡"等，进一步确保用户认证的安全性。

## 第三节　数据库系统安全技术

数据库系统中不但集中存放大量数据，而且直接共享给用户，安全问题尤为突出。数据库系统的安全防护是指保护数据库，以防数据泄露、被更改或被破坏。数据库系统的安全性依赖于数据库管理系统。数据库系统的安全性和计算机系统、操作系统、网络系统的安全性是紧密联系、相互支持的。

数据库安全机制是用于实现各种安全策略的功能集合。实现数据库系统安全性控制的常用方法和技术如下。

### 一、用户标识和鉴别

用户标识和鉴别是用户标识自己名字或身份，每次用户进入系统时，由系统进行核对，通过核对后系统才提供使用权。

用户标识是指用户向系统出示自己的身份证明，最简单的方法是输入用户 ID 和密码。

标识机制是指检查进入系统的每个用户身份是否唯一。鉴别机制是指检查用户身份的合法性。用户标识和鉴别机制保证了只有身份唯一且合法的用户才能存取系统中的资源。数据库用户的安全等级是不同的，因此权限是不一样的，数据库系统必须建立严格的用户认证机制。用户标识和鉴别机制是数据库管理系统（DBMS）对访问者授权的前提，审计机制使 DBMS 保留追究用户行为责任的能力。

功能完善的标识和鉴别机制是访问控制机制有效实施的基础，特别是在开放的多用户系统中，用户标识和鉴别机制是构筑 DBMS 安全防线的第一个重要环节。近年来，标识和鉴别技术发展迅速，一些实体认证的新方法在数据库系统集成中得到应用。

目前，常用的方法有通行字认证、数字证书认证、智能卡认证和个人特征识别等。

通行字也称口令或密码。通行字认证是一种根据已知事物验证身份的方法，也是被广泛研究和使用的身份验证方法。数据库系统往往对通行字采取一些控制措施，常见的有最小长度限制、次数限定、选择字符、有效期、双通行字和封锁用户系统等。一般需考虑通行字分配和管理，以及在计算机中的安全存储。通行字多以加密形式存储，攻击者要得到通行字，必须知道加密算法和密钥。加密算法可能是公开的，但密钥是秘密的。有的系统存储通行字的单向 Hash 值，攻击者即使得到密文也难以推出通行字的明文。

数字证书是认证中心颁发并进行数字签名的数字凭证，它提供实体身份的鉴别与认证、信息完整性验证、机密性和不可否认性等安全服务。数字证书可用来证明实体的身份与其持有公钥的匹配关系，使得实体的身份与证书中的公钥相互绑定。

智能卡（又称 IC 卡或 Smart 卡）作为个人所有物，可以用来验证个人身份。典型智能卡主要由微处理器、存储器、输入输出接口、安全逻辑及运算处理器组成。在智能卡中引入了认证的概念，智能卡和应用终端通过相应的认证过程来确认合法性。智能卡和接口设备只有相互认证通过之后才能进行数据读写操作，以防止伪造应用终端及相应的智能卡。

根据被授权用户的个人特征来进行认证是一种可信度更高的验证方法，个人特征识别应用了生物统计学的研究成果，即利用具有唯一性的生理特征来实现。个人特征具有因人而异和随身携带的特点，难以伪造，非常适合个人身份认证，目前已得到应用的包括指纹、语音声纹、DNA、虹膜等。一些学者已开始研究基于用户个人行为方式的身份识别技术，如用户写签名和敲击键盘的方式等。个人特征识别一般需要应用多媒体数据存储技术来建立档案，相应的需要多媒体数据的压缩、存储和检索等技术作为支撑。

## 二、存取控制

通过用户权限和合法权限检查，确保只有拥有合法权限的用户访问数据库，所有未被授权的人员无法访问。例如，C2级数据库管理系统中的自主存取控制，Bl级数据库管理系统中的强制存取控制。

存取控制的目的是确保用户对数据库只能进行经过授权的有关操作。

在存取控制机制中，一般把被访问的资源称为客体，把以用户名义进行资源访问的进程、事务等实体称为主体。传统的存取控制机制有2种，即DAC（自主存取控制）机制和MAC（强制存取控制）机制。

在DAC机制中，用户对不同的数据对象有不同的存取权限，还可以将其拥有的存取权限转授给其他用户。DAC机制完全基于用户和数据对象的身份，MAC机制对于不同类型的数据对象采取不同层次的安全策略，以此进行访问授权。在MAC机制中，存取权限不可以转授，所有用户必须遵守安全规则，其中最基本的规则为"向下读取，向上写入"。显然，与DAC机制相比，MAC机制比较严格。

近年来，RBAC（基于角色的存取控制）得到了广泛关注。RBAC在用户和权限之间增加了一个桥梁——角色。角色被授予权限，而管理员通过指定用户为特定角色来为用户授权，大大简化了授权管理，具有强大的可操作性和可管理性。可以根据组织中的不同工作创建角色，然后根据用户的责任和资格分配角色，用户可以轻松地进行角色转换。而随着新应用和新系统的增加，角色既可以分配更多的权限，也可以根据需要撤销相应的权限。RBAC核心模型包含了5个基本的静态集合，即用户集、对象集、操作集、角色集、会话集。

RBAC核心模型用户集包括系统中可以执行操作的用户，是主动的实体；对象集是系统中被动的实体，包含系统需要保护的信息；操作集是定义在对象上的一组操作，对象上的一组操作构成了一个特权；角色集则是 RBAC 模型的核心，通过用户分配和特权分配使用户与特权关联起来。RBAC 属于策略中立型的存取控制模型，既可以实现自主存取控制策略，又可以实现强制存取控制策略。它可以有效缓解传统安全管理的瓶颈问题，被认为是一种普遍适用的存取控制模型，尤其适用于大型组织的有效存取控制机制。

UCON（使用控制）对传统的存取控制进行了扩展，定义了授权、职责和条件 3 个决定性因素，同时提出了存取控制的连续性和易变性 2 个重要属性。UCON 集合了传统的访问控制、可信管理，以及数字权力管理，用系统方式提供了一个保护数字资源的统一标准，为下一代存取控制机制提供了新思路。

## 三、视图机制

为不同的用户定义视图，通过视图机制把要保密的数据对无权存取的用户隐藏起来，可对数据提供一定程度的安全保护。

视图是一个虚拟表，其查询的数据来自视图定义时的"as select xx"查询语句。视图的列来自一个表或多个表，所以视图不可以和表名重复。数据多用作查询，一般不会通过视图去修改数据。

视图机制不仅能简化用户操作，还能够增强安全性。可以给不同的用户定义不同的视图，屏蔽底层的表结构，更好地保护数据的安全。

同时，视图机制为重构数据库提供了数据的逻辑独立性。数据的逻辑独立性是指当数据库重构时，如增加新的关系或对原有的关系增加新的字段，用户的应用程序不会受影响。

## 四、审计

建立审计日志，可把用户对数据库的所有操作自动记录下来，DBA（数据库管理员）可以利用审计跟踪的信息，找出非法存取数据的人、时间和内容等。

按照相关标准中关于安全策略的要求，审计功能是考核数据库系统是否达到 C2 以上安全级别必不可少的一项指标。审计功能自动记录用户对数据库的所有操作，并且将其存入审计日志。可以利用这些信息重现导致数据库现有状况的一系列事件，分析攻击者线索。

数据库管理系统的审计主要分为语句审计、特权审计、模式对象审计和资源审计。语句审计是指监视特定用户或者所有用户提交的 SQL 语句；特权审计是指监视特定用户或者所有用户使用的系统特权；模式对象审计是指监视一个模式中针对一个或者多个对象发生的行为；资源审计是指监视分配给每个用户的系统资源。

审计机制应记录用户标识和认证、授权用户进行的操作，以及其他安全相关事件。对于每个事件，需要记录包括事件时间、事件用户、事件类型、事件数据和事件的成功或失败情况。对于标识和认证事件，必须记录事件源的终端 ID 和源地址等；对于访问和删除对象的事件，则需要记录对象的名称。

审计的策略库一般由 2 个因素构成，一个是数据库本身可选的审计规则，另一个是管理员设计的触发策略机制。当这些审计规则或策略机制被触发，将引起相关的表操作。这些表既可能是数据库自定义的，也可能是管理员定义的，最终这些操作都将被记录在特定的表中备查。

一般地，将审计跟踪和数据库日志记录结合起来，会达到更好的安全审计效果。对于审计粒度与审计对象的选择，需要考虑系统运行效率与存储空间消耗的问题。为了达到审计目的，必须审计到对数据库记录与字段一级的访问。但这种小粒度的审计需要消耗大量的存储空间，同时使系统的响应速度变慢，降低系统运行效率。

## 五、数据库加密

对存储和传输的数据进行加密处理，使不知道解密算法的人无法获知数据内容。

数据库加密机制主要通过研究执行加密部件在数据库系统中所处的层次和位置，对比各种体系结构的运行效率、可扩展性和安全性，以得到最佳的系统结构。按照加密部件与数据库系统的不同关系，数据库加密机制可分为库内加密和库外加密。

1. 库内加密

库内加密是在 DBMS 内核层实现的，加 / 解密过程对用户与应用透明，数据在物理存取之前完成加 / 解密工作。其优点是加密功能强，并且加密功能集成为 DBMS 的功能，可以实现加密功能与 DBMS 之间的无缝连接。对于数据库应用来说，库内加密是完全透明的。库内加密的主要缺点是对系统性能影响比较大，DBMS 除了完成正常的功能，还要进行加 / 解密运算，从而加重了数据库服务器的负载；密钥管理风险大，加密密钥与库数据保存在服务器中，其安全性依赖于 DBMS 的访问控制机制；加密功能依赖于数据库厂商的支持，DBMS 一般只提供有限的加密算法与强度，自主性受限。

2. 库外加密

数据库加密系统将用户具体的加密要求以及基础信息保存在加密字典中，通过调用数据加 / 解密引擎实现对数据库表的加 / 解密及数据转换。数据库信息的加 / 解密处理是在后台完成的，对数据库服务器是透明的。与库内加密相比，库外加密的优点如下。

由于加 / 解密过程在客户端或专门的加密服务器实现，减少数据库服务器与 DBMS 的运行负担；可以将加密密钥与所加密的数据分开保存，提高安全性；由客户端与服务器的配合，可以实现"端到端"的网上密文传输。

库外加密的主要缺点是加密后的数据库功能受到一些限制，例如，加密后的数据无法正常索引，同时加密会破坏原有数据的完整性与一致性，给数据库应用带来影响。在目前新兴的外包数据库服务模式中，数据库服务器由非可信的第三方提供，仅用来运行标准的 DBMS，要求加 / 解密都在客户端完成。因此，库外加密方式受到越来越多研究者的关注。

数据库加 / 解密处理的主要流程：

（1）对 SQL 命令进行语法分析，如果语法正确，转下一步；否则转（6）。

（2）是否为数据库加 / 解密引擎的内部控制命令？如果是，则处理内部控制命令，然后转（7）；否则转下一步。

（3）检查数据库加 / 解密引擎是否处于关闭状态或 SQL 命令是否只需要编译。如果是，则转（6）；否则转下一步。

（4）检索加密字典，根据加密定义对 SQL 命令进行加 / 解密语义分析。

（5）SQL 命令是否需要加密处理。如果是，则对 SQL 命令进行加密变换，替换原 SQL 命令，然后转下一步；否则转（6）。

（6）将 SQL 命令转送至数据库服务器处理。

（7）SQL 命令执行完毕，清除 SQL 命令缓冲区。

## 六、备份与恢复

安全的数据库系统必须能在发生故障后利用已有的数据备份，将数据库恢复到原来的状态，并保持数据的完整性和一致性。备份与恢复技术，对系统的安全性与可靠性起着重要作用，也对系统的运行效率有着重大影响。

（一）数据库备份

常用的数据库备份方法有以下 3 种。

1. 冷备份

冷备份是在没有终端用户访问数据库的情况下关闭数据库并将其备份，又被称为"脱机备份"。这种方法在保持数据完整性方面有保障，但是对于必须保持每天 24 小时、每周 7 天运行的数据库来说，是不现实的。

2. 热备份

热备份是指当数据库正在运行时进行的备份，又被称为"联机备份"。因为数据备份需要一段时间，在此期间发生的数据更新就有可能使备份的数据不能保持完整性，这个问题的解决依赖于数据库日志文件。

在备份时，数据库日志文件将需要数据更新的指令"堆起来"，并不进行真正的物理更新，因此数据库能被完整地备份。备份结束后，系统再对数据库进行真正的物理更新。可见，被备份的数据保持了与备份开始时刻前的数据一致。

3. 逻辑备份

逻辑备份是指使用软件技术从数据库中导出数据并写入一个输出文件，该文件的格式与原数据库的格式不同，是原数据库中数据内容的映像。因此，逻辑备份只能对数据库进行逻辑恢复，即数据导入，而不能按数据库原来的存储特征进行物理恢复。逻辑备份一般用于增量备份，即备份那些在上次备份以后改变的数据。

（二）数据库恢复

在系统发生故障后，能够把数据库恢复到原来的某种一致性状态的技术称为恢复，其基本原理是利用"冗余"进行数据库恢复。技术的关键是如何建立并利用恢复技术。数据库恢复技术一般有 3 种策略，即基于备份的恢复、基于运行时日志的恢复和基于镜像数据库的恢复。

1. 基于备份的恢复

基于备份的恢复是指周期性地备份数据库。当数据库失效时，可取最近一次的备份来恢复数据库，即把备份的数据复制到原数据库所在的位置。用这种方法，数据库只能恢复到最近一次备份的状态，而从最近备份到故障发生期间的所有数据库更新将会丢失。备份的周期越长，丢失的更新数据越多。

2. 基于运行时日志的恢复

运行时日志是用来记录数据库每一次更新的文件。对日志的操作优先于对数据库的操作，以确保记录数据库的更改。当系统突然失效导致事务中断时，可重新装入数据库的副本，把数据库恢复到备份时的状态。系统自动正向扫描日志文件，将故障发生前提交的事务放到重做队列，将未提交的事务放到撤销队列，这样就可以把数据库恢复到故障前某一时刻的状态。

3. 基于镜像数据库的恢复

镜像数据库就是在另一个磁盘上复制数据库作为实时副本。当主数据库更新时，DBMS 自动把更新后的数据复制到镜像数据库，始终使镜像数据库和主数据库保持一致。当主数据库出现故障时，可由镜像磁盘继续提供数据，同时 DBMS 自动利用镜像磁盘数据进行数据库恢复。

镜像策略可以大幅提高数据库的可靠性，但由于数据镜像是通过复制数据实现的，频繁复制会降低系统运行效率，一般在满足效率要求的情况下可以使用。为兼顾可靠性和可用性，可有选择性地镜像关键数据。

数据库的备份和恢复是一个完善的数据库系统必不可少的一部分，目前这种技术已经广泛应用于数据库产品。

## 七、推理控制与隐私保护

数据库安全中的推理是指用户根据低密级的数据和模式完整性约束推导出高密级的数据，造成未经授权的信息泄露，这种推理的路径称为推理通道。近年来，随着外包数据库模式及数据挖掘技术的发展，对数据库推理控制和隐私保护的要求也越来越高。

目前，常用的推理控制方法可以分为 2 类。第一类是在数据库设计时找出推理通道，主要包括利用语义数据模型和形式化的方法。这类方法都是通过分析数据库的模式，然后修改数据库设计或者提高一些数据项的安全级别来消除推理通道。第二类是在数据库运行时找出推理通道，主要包括多实例和查询修改方法。

有研究中心基于推理控制方法建立了一个隐私保护数据库原型系统，该系统取得了较好的隐私保护效果。系统建立了信息泄露的表语义与查询语义模型，通过修改 SQL 语言查询条件来进行查询预处理，实现数据元素粒度的推理控制。

经过对隐私策略规则的定义和执行，用户可以自己决定涉及自身隐私数据的访问策略。而数据库可以控制未经授权用户对敏感数据的访问，这样就有效实现了隐私保护。

## 第四节　防火墙技术

防火墙是一个或一组实施访问控制策略的系统，是一种高级访问控制设备。它指的是一个由软件和硬件设备组合而成、在内部网和外部网之间、在专用网与公共网之间构造的保护屏障，是一种获取安全性方法的形象说法，使安全域与安全域之间建立起一个安全网关。

作为维护网络安全的关键设备，防火墙就是在信任网络（区域）和非信任网络（区域）之间建立一道屏障，是不同网络（区域）间的唯一通道，并实施相应的访问控制策略（允许、拒绝、监视、记录）控制进出网络的访问行为。在网络中应用防火墙是一种非常有效的安全手段。

按防火墙的软、硬件形式，可以分为软件防火墙和硬件防火墙以及芯片级防火墙；按防火墙的应用部署位置，可以分为边界防火墙、个人防火墙和分布式防火墙。

## 一、防火墙体系结构

防火墙可以设置成许多不同的体系结构，并提供不同级别的安全防护，而维护和运行的费用也不同。常用的防火墙体系结构有以下几种。

（一）单防火墙方案

最简单的防火墙体系结构就是单防火墙。因为只有一个防火墙和一个到 Internet 的连接，只要管理和控制一个点就可以了。图 2-11 展示了单防火墙方案。

如果用户要提供像 FTP、Web、邮件这样的公共服务，就会遇到一个问题，用户必须打开防火墙到主机的连接，或者把公共服务器置于防火墙外，在没有保

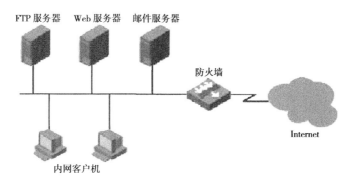

FTP 服务器　　Web 服务器　　邮件服务器

防火墙

Internet

内网客户机

图 2-11　单防火墙方案

护的情况下将公共服务器暴露给 Internet。这 2 种方式都是有一定风险的。

在防火墙上打开连接的方式存在一个问题，如果非法数据包看上去符合安全控制策略，则很可能进入内部网络。这就意味着黑客可能会得到内部网络计算机的控制权，这是非常危险的。正是由于这个原因，大多数用户将公共服务器置于防火墙之外，同时，不允许任何外部连接通过防火墙。

将公共服务器置于防火墙外时，服务器要承担风险。用户可以设置服务器使它们不包含任何需要保护的信息，但如果服务器被攻陷，就很容易引起服务瘫痪。

（二）双防火墙和 DMZ 防火墙

为了降低暴露公共服务器的风险，用户可以使用 2 个防火墙并采用 2 个不同级别的安全防护。一般来讲，将第 1 个防火墙置于 Internet 连接处保护其后的公共服务器的安全，并允许 Internet 上的连接请求得到公共服务器提供的服务。

在上述区域和内部网络之间，放置第 2 个有更高安全防护级别的防火墙，这个防火墙不允许任何外部连接请求通过并隐藏内部网络。图 2-12 展示了双防火墙安全解决方案。

现代防火墙一般都有 WAN、LAN 和 DMZ 3 个接口。这 3 个接口分别用来连接外部网络、内部网络和公共服务器区域。通过为防火墙不同接口提供不同的安全策略，用户可以自定义安全策略来阻止到内部网络的连接，但允许某种协议连

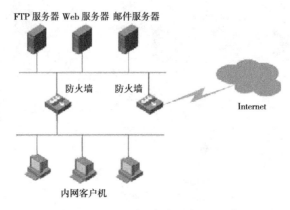

图 2-12 双防火墙安全解决方案

接到公共服务器。这样就可以使用 1 个产品得到 2 个防火墙的功能，这种防火墙称为"三域防火墙"或 DMZ 防火墙。图 2-13 展示了 DMZ 防火墙安全解决方案。

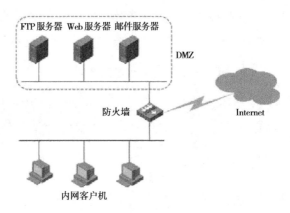

图 2-13 DMZ 防火墙安全解决方案

DMZ 全称 Demilitarized Zone（隔离区），DMZ 是一个既不属于内部网络，也不属于外部网络的相对独立的区域，它处于内部网络与外部网络之间。例如，在一个提供电子商务服务的网络中，某些主机需要对外提供服务，如 FTP 服务器、Web 服务器和邮件服务器等。为了更好地提供优质服务，有效保护内部网络安全，就需要将这些对外提供服务的服务器与内部网络进行隔离，即放入 DMZ。这样可以对内部网络中的设备和对外服务的主机有针对性地应用不同的防火墙策略，可以在提供友好对外服务的同时，最大限度地保护内部网络。

在这种方案中，所有的内部网络系统都受到防火墙的保护，从而不受基于

Internet 的攻击。从 Internet 中可以访问到的所有服务器被分隔在独自 DMZ，虽然有很强的安全性，但也可能会受到攻击，只要允许 Internet 访问，就无法保证它的绝对安全。不过，即使 DMZ 受到破坏，其他内部系统也不会受到威胁，因为 DMZ 和网络的其他部分是隔离的。

构建防火墙时，一般很少采用单一的技术，通常是使用多种技术的组合。在上述基本设计上还可以有许多种变化。例如，可以在图 2-13 所示的配置中再加入一种防火墙，进一步提高安全水平，如果图 2-13 所示的防火墙是包过滤的，那么可以在它后面放置一台代理服务器，以更好地保护用户的 Internet 连接安全。

访问控制策略规定了网络不同部分允许的数据流向，同时规定了哪些类型的传输是允许的，哪些类型的传输将被阻止。内容清楚的访问控制策略有助于保证正确选择防火墙产品。

访问控制策略设计原则有封闭原则和开放原则。基于封闭原则，防火墙应封锁所有信息，将不安全的服务或有安全隐患的服务一律扼杀在萌芽状态；基于开放原则，防火墙应先允许所有的用户和站点对内部网络的访问，然后网络管理员对未授权的用户、不信任的站点或不安全的服务进行逐项屏蔽。

## 二、防火墙的功能

防火墙主要有以下功能。

（1）路由功能：静态路由、动态路由、策略路由、ISP 路由等。

（2）NAT 功能：将内部网络的私有 IP 地址转换为公有 IP 地址。

（3）端口映射：将外网主机 IP 地址的一个端口映射到内网中一台机器，提供相应的服务。当用户访问这个端口时，自动将请求映射到对应内网的机器。

（4）安全策略：通过对源地址、目的地址、服务、时间、允许 / 阻止等内容进行配置做相关安全访问。

（5）带宽管理：流控功能（要使用专门的流控设备）。

（6）会话管理：对通过防火墙设备会话进行统计、分析、控制等。

（7）VPN 功能：IPSEC VPN 、SSL VPN、PPTP 、L2TP 、GRE 等。

（8）其他功能：病毒防护、入侵防护、漏洞扫描、上网行为管理。

## 三、防火墙实现技术

防火墙诞生以来，共经历了 4 个主要的技术发展阶段。目前，获得普遍认同的是状态检测技术，因为该技术的安全性较好。

（一）包过滤技术

包过滤技术是在网络层对数据包进行选择，选择的依据是系统内设置的过滤逻辑，即访问控制表。借助报文中优先级、UDP 或 TCP 端口等信息作为过滤参考，通过在接口输入或输出方向上使用基本或高级访问控制规则，可以实现对数据包的过滤。同时，可以按照时间段进行过滤，不仅保护内部网络免遭外来攻击，还可以有效控制内部主机对外部资源的访问，形成内外网络之间的安全保护屏障。

目前的包过滤技术提供了对分片报文检测过滤的支持，检测的内容有下列 3 项：①报文类型（非分片报文、首片分片报文和非首片分片报文）；②获得报文的 3 层信息（基本 ACL 规则和不含 3 层以上信息的高级 ACL 规则）；③ 3 层以上的信息（包含 3 层以上信息的高级 ACL 规则）。

对于配置精确匹配过滤方式的高级 ACL 规则，包过滤技术需要记录每一个首片分片的 3 层以上的信息，当后续分片到达时，使用这些保存的信息对 ACL 规则的每一个匹配条件进行精确匹配。应用精确匹配过滤后，包过滤技术的执行效率会略微降低，配置的匹配项目越多，效率越低。

包过滤技术逻辑简单，价格便宜，网络性能和透明性好。包过滤技术不用改动客户机和主机上的应用程序，因为它工作在网络层和传输层，与应用层无关。

但包过滤技术的弱点是明显的：包过滤技术只检查数据包中网络层的少量信息，不能完全检查基于高层协议的 IP 报文中的所有片段，因而各种安全要求不可能被充分满足，对高级攻击提供的保护很少，而且数据包的源地址、目的地址以及 IP 的端口号等信息都在数据包的头部，很有可能被窃听和假冒。

在许多包过滤技术中，过滤规则的数目是有限制的，且随着规则数目的增加，性能会受到很大的影响，包过滤器设置的规则越多，连接的速度也就越慢。过滤器必须将每个数据包与每个规则进行比较，直到找到匹配为止。

大多数包过滤技术缺少审计和报警机制，且管理方式和用户界面较差，对安全管理人员要求高，在建立安全规则时必须对协议本身及其在不同应用程序中的作用有较深入的理解。

包过滤技术仅仅依靠特定的逻辑来确定是否允许数据包通过，一旦满足逻辑，则防火墙内外建立直接联系，因此黑客有可能了解防火墙内部的网络结构和运行状态，从而实施非法访问和攻击，一旦突破防火墙，即可对主机上的软件和配置漏洞进行攻击。

（二）网络地址转换（NAT）技术

该技术将专用网络中的 IP 地址转换成 Internet 上使用的唯一公共 IP 地址。防火墙利用该技术能透明地对所有内部地址进行转换，使外部网络无法了解内部网络结构，同时允许内部网络使用自定的 IP 地址和 NAT 网络，与外部网络的连接只能由内部网络发起，极大地提高了内部网络的安全性。NAT 技术的用途之一是解决 IP 地址匮乏问题。

图 2-14 描述了网络地址转换的基本过程。

NAT 服务器处于私有网络和公有网络的连接处。当内部 PC（192.168.1.3）向外部服务器（10.1.1.2）发送一个数据包 1 时，数据包将通过 NAT 服务器。NAT 进程查看包头内容，发现该数据包是发往外网的，那么它将数据包 1 的源地址字段的私有地址 192.168.1.3 换成在 Internet 上可路由的公有地址 20.1.1.1，并将该数据包发送到外部服务器，同时记录在网络地址转换表中；外部服务器给内部 PC 发送应答数据包 2（其初始目的地址为 20.1.1.1），到达 NAT 服务器后，NAT 进程再次查看包头内容，然后查找当前网络地址转换表的记录，用原来的内部 PC

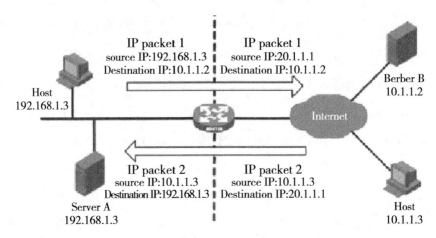

图 2-14  网络地址转换的基本过程

私有地址 192.168.1.3 替换。

上述 NAT 过程对终端来说是透明的。对外部服务器而言，它认为内部 PC 的 IP 地址就是 20.1.1.1，而不知道有 192.168.1.3 这个地址。因此，NAT 技术"隐藏"了用户的私有网络。

网络地址转换技术的优点在于为内部主机提供了隐私保护，实现内部网络的主机通过该功能访问外部网络资源。但它有一些缺点：

①由于需要对数据包进行 IP 地址的转换，涉及 IP 地址的包头不能被加密。在应用协议中，如果数据包中有地址或端口需要转换，则报文不能被加密。例如，不能使用加密的 FTP 连接，否则 FTP 的 PORT 命令不能被正确转换。

②网络调试变得更加困难。比如，某一台内部网络的主机试图攻击其他网络，则很难指出究竟哪一台主机是恶意的，因为主机的 IP 地址被屏蔽了。

③在链路的带宽低于 10Mb/s 时，地址转换对网络性能基本不构成影响，此时，网络传输的瓶颈在传输线路上；当带宽高于 10Mb/s 时，地址转换将对网络性能产生影响。

（三）应用代理技术

应用代理技术是针对包过滤技术的缺点而引入的，其特点是将所有跨越防火墙的网络通信链路分为两段，作为内部网和外部网的隔离点，起着监视和隔绝应用层通信流的作用，防止网络之间的直接传输。防火墙内外计算机系统间应用层的"连接"，由两个终止代理服务器上的"连接"来实现，外部计算机的网络链路只能到达代理服务器，从而起到了隔离作用。

与包过滤防火墙不同，应用代理防火墙工作在 OSI 模型的最高层（应用层），该技术主要是基于软件实现的。在某种意义上，可以把这种防火墙看作一个翻译器，由它负责外部网络和内部网络之间的通信，当防火墙两端的用户进行网络通信时，两端的通信终端不会直接联系，而是由应用层的代理负责转发。

如果代理收到一个连接请求，并且该请求符合预定的访问控制规则，则代理将会生成一个新请求发送给目标系统，就好像代理是原始的客户机一样，当目标系统回应时，代理接收到传回的数据，将会根据规则检查数据，如果允许，代理将生成新的数据，并送回客户机。由于网络连接都是通过中介来实现的，恶意的侵害无法伤害到被保护的真实网络设备。

有了应用代理防火墙的存储转发，源系统和目标系统就不会直接连接起来，应用代理防火墙不允许任何信息直接穿过它，所有的内外连接均通过代理来实现，因此安全性较高。

应用代理技术提供了许多安全功能，能进行一些复杂的访问控制，主要包括下列几项内容。

（1）隐藏内部网络。从外部网络上看，应用代理技术可以使整个内部网络看上去像一台主机，因为只有一台主机向外部网络发送请求；同时应用代理技术能防止外部主机对内部主机的连接。在使用应用代理技术的情况下，不存在到内部网络的路由途径，因为在两个网络之间不存在传输层的路由功能。

（2）内容过滤。如 Unicode 攻击，应用代理技术能发现这种攻击并进行阻断。

（3）消除内外网络之间传输层路由的必要性。传输层不需要路由，因为请求是重新产生的。这就消除了传输层的弱点。阻断路由功能是应用代理技术重要的优点，因为没有 TCP/IP 包可以真正在内外网络之间传输，并且可以防止大多数的服务拒绝和利用软件弱点的攻击。

（4）日志记录和告警。应用代理技术具有非常成熟的日志功能，由于突破了

OSI 四层的限制，应用代理技术可以记录非常详尽的日志。比如，记录进入防火墙的数据包中有关应用层的命令，如 Unicode 攻击的执行命令。此外，应用代理技术对过往的数据包进行分析、注册登记，形成报告，当发现被攻击迹象时会向网络管理员发出警报，并保留攻击痕迹。

上述优点都是以牺牲速度为代价换取的，所有的连接请求在代理网关上都要经过软件的接收、分析、转换、转发等工作，应用代理技术的资源消耗较大。数据包的所有内容都要被审查，应用代理技术非常明显地降低了速度。所以，应用代理技术主要应用于安全要求较高但网络流量不大的环境。

同时，应用代理技术有一个比较明显的缺点，不能完全透明地支持各种服务和应用，必须为每种应用编写不同的代理程序，对于新的网络协议和网络应用都需要开发新的应用代理。如果选择了应用代理技术，要保证它能够支持需要使用的所有应用。

（四）状态检测技术

包过滤防火墙属于静态防火墙，由于存在的问题产生了应用层报文过滤 ASPF 的概念。这是一种高级通信过滤，采取抽取相关数据的方法，检查基于 TCP/UDP 协议的应用层协议信息，并且监控基于连接的应用层协议状态，维护每一个连接的状态信息，动态地决定是否允许数据包通过防火墙。ASPF 能够实现的检测包括下面 2 项。

（1）应用层协议检测，包括 FTP、HTTP、SMTP、RTSP 检测。

（2）传输层协议检测，包括 TCP 和 UDP 检测，即通用 TCP/UDP 检测。

状态检测防火墙支持应用层报文过滤 ASPF。

状态检测防火墙在防火墙的核心部分建立状态连接表，并将进出网络的数据当成一个个的会话，利用状态连接表跟踪每一个会话状态。对每一个数据包的检查不仅根据规则表，还根据数据包是否符合会话所处的状态，因此提供了对传输层的控制能力。

对新建的应用连接，状态检测防火墙检查预先设置的安全规则，允许符合规则的连接通过，并在内存中记录该连接的相关信息，生成状态连接表，该连接的后续数据包只要符合状态连接表就可以通过。状态检测防火墙还能监测无连接状态的远程过程调用和用户数据报的端口信息。

状态检测防火墙的主要特点包括下面几项。

（1）高安全性：状态检测防火墙工作在数据链路层和网络层之间，确保截取和检测所有通过网络的原始数据包。虽然工作在协议栈的较低层，但可以监视所有应用层的数据包，从中提取有用信息，安全性得到很大提高。

（2）高效性：一方面，通过防火墙的数据包都在协议栈的较低层处理，减少了高层协议栈的开销；另一方面，由于不需要对每个数据包进行规则检查，效率得到了较大提高。

（3）可伸缩性：由于状态连接表是动态的，当有一个新的应用时，它能动态地产生新的应用、新的规则，无须另外写代码，因而具有很好的可伸缩性。

（4）广泛应用性：不但支持基于 TCP 的应用，而且支持基于无连接协议的应用。

（五）包过滤防火墙配置

包过滤防火墙的配置包括下列内容：允许或禁止防火墙；设置（防火墙）默认过滤方式；设置（包过滤防火墙）分片报文检测开关；配置分片报文检测门限；在接口上应用访问控制列表。

（1）允许或禁止防火墙。

（2）设置默认过滤方式。默认过滤方式用来定义对访问控制列表以外数据包的处理方式，即在没有规则去判定用户数据包是否可以通过的时候，防火墙是允许还是禁止该数据包通过。

（3）设置分片报文检测开关。只有打开分片报文检测开关，才能进行分片报文的精确匹配。这时，包过滤防火墙将记录分片报文的状态，根据高级 ACL 规则对 3 层以上的信息进行精确匹配。

包过滤防火墙对分片报文的状态记录需要消耗系统资源。如果不使用精确匹配模式，则可以关闭此功能，以提高系统运行效率，减小系统开销。默认情况下，IPv4 分片报文检测开关处于关闭状态。

（4）配置分片报文检测门限。在打开分片报文检测开关后，如果应用精确匹配过滤，包过滤的执行效率会降低，配置的匹配项目越多，效率越低。因此，需要配置分片报文检测门限。

当记录分片状态的数目达到上限值时，将删除最先保存的状态项，直至达到下限值。默认情况下，上分片状态记录数目的上限值为2000，下限值为1500。

（5）在接口上应用访问控制列表。将访问规则应用到接口时，会遵循时间段过滤原则，另外可以对接口的收发报文分别指定访问规则。

（六）网络地址转换

网络地址转换可以分为一对一地址转换、多对多地址转换、网络地址端口转换。

当内部网络访问外部网络时，NAT会选择一个合适的外部地址来替代内部网络数据报文的源地址。将内部地址与指定的外部地址进行一对一的转换，称为一对一地址转换。

当第一个内部主机访问外网时，从地址池中选择一个公有地址IP1，在地址转换表中添加记录并发送数据包；当另一内部主机访问外网时，选择另一个公有地址IP2，以此类推，从而满足多台内部主机访问外网的请求。而一旦连接断开，取出的公有地址将重新放入地址池，以供其他连接使用。这称为多对多地址转换。

在实际应用中，用户可能希望某些内部的主机可以访问外部网络，而某些主机不允许访问。当NAT网关查看数据包包头内容时，如果发现源IP地址属于禁止访问网络的内部主机，它将不进行NAT。设备可以通过定义地址池来实现多对多地址转换，同时利用访问控制列表来对地址转换进行控制。

利用访问控制列表限制地址转换：该方法可以有效地控制地址转换的使用范围，只有满足访问控制列表条件的数据包才可以进行地址转换。

定义地址池实现多对多地址转换：地址池是用于地址转换的一些连续的公有IP地址的集合。用户应根据自己拥有的合法IP地址数目、内部网络主机数目以及实际应用情况，配置恰当的地址池。地址转换的过程中，NAT网关会从地址池中挑选一个地址作为转换后的源地址。

NAPT（网络地址端口转换）是 NAT 的一种变形，它允许多个内部地址映射到同一个公有地址，也可称为多对一地址转换或地址复用。

NAPT 同时映射 IP 地址和端口号，来自不同内部地址的数据包可以映射到同一公有地址，但它们的端口号被转换为该地址的不同端口号，因而能够共享同一地址。这就是"私有地址 + 端口"与"公有地址 + 端口"之间的转换。对于只申请到少量公有地址，但经常同时有多于公有地址数的用户上外部网络的情况，这种转换极为有用。

配置一对一地址转换：ip-address 1——内部 IP 地址。ip-address 2——外部 IP 地址。

配置地址池：当内部数据包通过地址转换到达外部网络时，将会选择地址池中的某个地址作为转换后的源地址。

配置多对多地址转换：将访问控制列表和地址池关联后，即可实现多对多地址转换。

配置 NAPT：将访问控制列表和 NAT 地址池关联时，如果选择 no-pat 参数，则表示不使用 NAPT 功能；如果不选择 no-pat 参数，则启用 NAPT 功能。默认情况是启用。

配置内部服务器：通过配置内部服务器，可以将相应的外部地址、端口映射到内部服务器的私有地址和端口，从而使外部网络用户能够访问内部服务器。内部服务器与外部网络的映射表是由 nat server 命令配置的。

配置内部服务器时需要配置的信息包括外部地址、外部端口、内部服务器地址、内部服务器端口以及服务协议类型。

## 第五节　入侵检测与入侵防御技术

随着计算机网络技术的飞速发展，网络入侵事件受到人们重视，在这种环境下，入侵检测技术成了网络空间安全市场上新的热点，受到人们越来越多的关注，并在各种不同的环境中发挥关键作用。

入侵是个广义的概念，是指企图对计算机系统造成危害的行为。入侵企图或威胁可以被定义为未经授权蓄意尝试访问信息、篡改信息，使系统不可靠或不能使用，或者试图破坏资源的完整性、机密性及可用性的活动。一般来说，从入侵者的角度，可以将入侵分为6种类型：尝试性闯入；伪装攻击；安全控制系统渗透；泄露；拒绝服务；恶意使用。入侵者又是如何进入用户系统的呢？主要有以下3种方式。

（1）物理入侵：入侵者以物理方式访问一个计算机进行破坏活动，这种入侵十分直观，包含在未授权的情况下对网络硬件的连接，或对系统物理资源的直接破坏。

（2）系统入侵：入侵者拥有系统的一个低级账号权限，在这种条件下进行破坏活动。例如，拥有低级权限的用户有可能利用系统漏洞获取更高的管理权限，从而越权操作。

（3）远程入侵：这种情况比较常见，多表现为入侵者通过网络渗透到一个系统。比如，浏览了一些垃圾站点而造成的木马入侵。这种情况下，入侵者不具备任何特殊权限，其要通过漏洞扫描或端口扫描等技术发现攻击目标，再利用相关技术进行破坏活动。

针对入侵的安全防范措施如图2-15所示。

图2-15　针对入侵的安全防范措施

入侵检测，顾名思义，是对入侵行为的发觉。通过对计算机系统或计算机网络中的若干关键部位收集信息并对其进行分析，从中发现系统或网络中违反安全策略的行为。入侵检测的内容包括试图闯入、成功闯入、冒充其他用户、违反安全策略、合法用户泄露、独占资源以及恶意使用。

## 一、入侵检测

### （一）入侵检测系统

入侵检测系统（IDS）是进行入侵检测的软件与硬件的组合，可以理解为"计算机和网络为防止网络小偷安装的警报系统"。与其他安全产品不同，入侵检测系统需要更智能化，它必须对得到的数据进行分析，并得出有用的结果。它不仅要收集关键点的信息，还要对收集的信息进行分析，从中发现不安全因素并对其做出反应。有些反应是自动的，它包括通知网络安全管理员（通过控制台、电子邮件）、中止入侵进程、关闭系统、断开与互联网的连接，使该用户无效。一个合格的入侵检测系统能简化网络安全管理员的工作，保证网络安全运行。

在本质上，入侵检测系统是典型的"窥探设备"，不跨接多个物理网段，无须转发任何流量，只需要在网络上被动地、无声息地收集它所关心的报文。因此，对 IDS 的要求是挂接在所有所关注流量都必须流经的链路上。在这里，所关注流量指的是来自高危网络区域的访问流量和需要进行统计、监视的网络报文。在如今的网络拓扑中，绝大部分的网络区域是交换式的。因此，IDS 在交换式网络中的位置一般选择在下列 2 个方面：①尽可能靠近攻击源；②尽可能靠近受保护资源。

这些位置通常包括以下 3 个方面：①服务器区域的交换机上；② Internet 接入路由器之后的第一台交换机上；③重点保护网段的局域网交换机上。

经典的入侵检测系统的部署方式如图 2-16 所示。

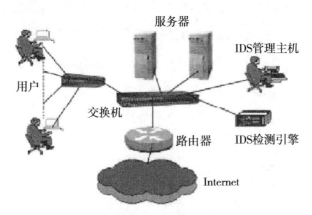

图 2-16　经典的入侵检测系统的部署方式

（二）入侵检测系统的工作过程

入侵检测系统的工作过程分为数据采集阶段、数据处理及过滤阶段、入侵分析及检测阶段、报告及响应阶段 4 个阶段。

1. 数据采集阶段

数据采集是入侵检测的基础。入侵检测系统检测出非法入侵，依赖于数据采集的准确性和可靠性。在数据采集阶段，入侵检测系统主要收集目标系统中的主机通信数据包和系统使用信息等数据。

2. 数据处理及过滤阶段

这个阶段中，对采集到的数据进行处理，将其转换为可以识别是否发生入侵的形式，为下一阶段打下良好的基础。

3. 入侵分析及检测阶段

通过分析上一阶段提供的数据来判断是否发生入侵。这一阶段是整个入侵检测的核心，根据系统是以检测异常使用为目的，还是以检测进行入侵为目的，该阶段的工作可以区分为异常行为和错误使用检测。

4. 报告及响应阶段

针对上一个阶段中的判断做出响应。如果被判断为发生入侵，系统将采取相应的响应措施，或者通知网络安全管理人员发生入侵，以便采取安全管理措施。

上述工作过程是由入侵检测系统的 3 个组成部分实现的，它们分别是感应器（Sensor）、分析器（Analyzer）和管理器（Manager），如图 2-17 所示。

| 管理器（Manager） | | |
| --- | --- | --- |
| 分析器（Analyzer） | | |
| 感应器（Sensor） | | |
| 网络 | 主机 | 应用程度 |

图 2-17　入侵检测系统的组成部分

感应器主要负责收集信息，在数据采集阶段工作。

分析器从感应器接收信息，并进行分析，判断是否有入侵行为，如果有入侵行为，分析器应提供可采取的措施。分析器在入侵分析及检测阶段工作。

管理器在报告及响应阶段工作，向用户提供分析结果。用户根据该分析结果采取相应的安全管理措施。

（三）入侵检测系统的作用

入侵检测系统被认为是继防火墙之后的第二道安全闸门，在不影响网络性能的情况下能对网络进行监测，从而进行实时保护。入侵检测系统的主要优势是监听网络流量，不会影响网络的性能。具体来说，入侵检测系统的主要功能包括以下几项：监测并分析系统和用户的活动，查找用户的越权操作；核查系统配置和漏洞，提示网络安全管理人员修补漏洞；评估系统关键资源和数据文件的完整性；识别已知的攻击行为，向网络安全管理人员发出警告；对异常行为进行统计分析以发现入侵行为的规律；操作系统日志管理和审计跟踪管理，识别违反安全策略的用户活动。

## 二、入侵防御技术

入侵防御技术通过对入侵行为的研究，使安全系统做出实时响应，主要包括以下内容。

## （一）基于标识的特征检测技术

基于标识的特征检测技术又称误用检测，它定义违背安全策略事件的特征，根据这些特征来检测主体活动，如果主体活动具有这些特征，可以认为该活动是入侵行为。这类似于杀毒软件。

特征检测技术的关键是如何把真正的入侵与正常行为区分开来。IDS 中的特征通常分为多种，如来自保留 IP 地址的连接企图；含有特殊病毒信息的 E-mail。

该技术的优点是误报少，局限是它只能发现已知的攻击，对未知的攻击无能为力，同时由于新的攻击方法不断产生、新漏洞不断出现，如果不能及时更新攻击特征库将造成 IDS 漏报。

## （二）基于异常情况的检测技术（异常检测）

异常检测的假设是入侵活动异常于正常主体的活动，建立正常活动的简档，当前主体的活动违反其统计规律时，认为可能是入侵行为。整个工作过程通过检测系统的行为或使用情况的变化来完成。

异常检测系统通过监控程序来监控用户的行为，将当前用户的活动情况和用户轮廓进行比较。用户轮廓表示的是正常活动的范围，是各种行为参数的集合。如果用户的活动情况在正常活动的范围内，说明当前用户活动是正常的；当用户活动与正常行为有重大偏差时，可以认为该活动是异常活动，但不能认为异常活动就是入侵。如果系统错误地将异常活动定义为入侵，则为错报；如果系统未能检测出真正的入侵行为，则为漏报。

人们认为比较理想的情形是，异常活动和入侵活动是一样的。这样，只要识别了所有的异常活动，也就识别了所有的入侵活动，这样就不会造成错误的判断。可是，入侵活动并不总是与异常活动相符合，这里存在 4 种可能性：①入侵而非异常。活动具有入侵性却因为不是异常而不被检测到，造成漏报，IDS 不报告入侵。②非入侵且异常。活动不具有入侵性，但因为它是异常的，IDS 报告入侵，造成错报。③非入侵非异常。活动不具有入侵性，IDS 没有将活动报告为入侵，这属于正确的判断。④入侵且异常。活动具有入侵性并且活动是异常的，

IDS 将其报告为入侵。

异常检测依赖于异常检测模型的建立，异常检测模型如图 2-18 所示，异常检测通过观测到的一组测量值偏离度来预测用户行为的变化，然后做出决策。

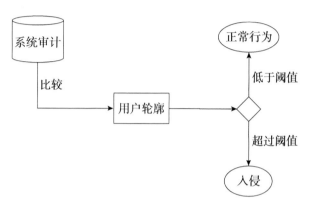

图 2-18  异常检测模型

对于预警系统来说，确定检测模型是最重要的。由于入侵活动的复杂性，仅仅依靠了解入侵方法还不能完全实现预警，应该有适当的检测模型与之配合。在预警技术研究中，入侵检测模型是关键之一。在这里简单介绍一种使用较多的入侵检测模型——通用入侵检测模型（Denning 模型）。

通用入侵检测模型如图 2-19 所示。该模型由主体、客体（对象）、审计记录、活动简档、异常记录和活动规则 6 部分组成。

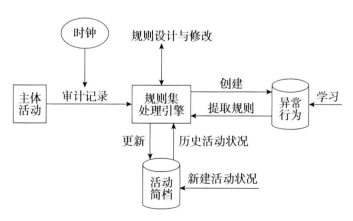

图 2-19  通用入侵检测模型

（1）主体：在目标系统上活动的实体，如用户、计算机操作系统的进程、网络的服务连接等。

（2）客体（对象）：系统资源，如文件、设备、命令、网络服务端接口等。

（3）审计记录：主体对客体实施操作时，系统产生的数据，如用户注册、命令执行和文件访问等。IDES审计记录的格式由六元组构成：<Subject，Action，Object，Exception-Condition，Resource-Usage，Time-Stamp>。活动（Action）是主体对目标的，如读、写、登录、退出等；异常条件（Exception-Condition）是指系统对主体该活动异常情况的报告，如违反系统读写权限；资源使用状况（Resource-Usage）是系统的资源消耗情况，如CPU、内存使用率等；时间戳（Time-Stamp）是指活动发生的时间；等等。

（4）活动简档：在IDES模型中，用活动简档来保存主体正常活动的有关信息，并使用随机变量和统计模型来定量描述观测到的主体对客体的行为活动特征。

活动简档定义3种类型变量，分别如下：事件计数器——简单地记录特定事件的发生次数；间隔计时器——记录特定事件此次发生和上次发生的时间间隔；资源计量器——记录某个时间段内特定动作所消耗的资源量。

活动简档由以下10个部分组成。

① Variable-Name：变量名，是识别活动简档的标志。

② Action-Pattern：动作模式，用来匹配审计记录中动作的模式。

③ Exception-Pattern：例外模式，用来匹配审计记录中异常情况的模式。

④ Resource-Usage-Pattern：资源使用模式，用来匹配审计记录中资源使用的模式。

⑤ Period：测量的间隔时间或取样时间。

⑥ Variable-Type：一种抽象的数据类型，用来定义一种特定的变量和统计模型。

⑦ Threshold：阈值，是统计测试中一种表示异常的参数值。

⑧ Subject-Pattern：主题模式，用来匹配审计记录中主题的模式，是识别活动简档的标志。

⑨ Object-Pattern：对象模式，用来匹配审计记录中对象的模式，是识别活动简档的标志。

⑩ Value：当前观测值和统计模型所用的参数值。

活动简档的格式：<Variable-Name，Action-Pattern，Exception-Pattern，Resource-Usage-Pattern，Period，Variable-Type，Threshold，Subject-Pattern，Object-Pattern，Value>。

（5）异常记录：由 <Event，Time-Stamp，Profile> 组成，用以表示异常事件的发生情况。

① Event：指明导致异常的事件，例如审计数据。

② Time-Stamp：产生异常事件的时间戳。

③ Profile：检测到异常事件的活动简档。

（6）活动规则：异常记录产生时系统应采取的措施。活动规则有以下 4 种类型：①审计记录规则。触发新生成审计记录和动态活动简档之间匹配，以及更新活动简档和检测异常行为。②定期活动更新规则。定期触发动态活动简档中的匹配以及更新活动简档和检测异常行为。③异常记录规则。触发异常事件产生，并将异常情况报告给网络安全管理员。④定期异常分析规则。定期触发产生当前的安全状态报告。

Denning 模型独立于特定的系统平台、应用环境、系统弱点以及入侵类型，为构建入侵检测系统提供了一个通用的框架。由于 IDES 模型依靠分析主机的审计记录，在网络环境下，IDES 模型存在局限性。Denning 模型的缺点是它没有包含已知系统漏洞或攻击方法的知识，而这些知识对于入侵检测系统是非常重要的。

近年来，随着网络技术的飞速发展，网络攻击手段也越来越复杂，入侵检测模型要随着网络技术而变化。

除了异常检测模型，异常检测也依赖于数学模型的建立。这里简单介绍常用的 5 种统计模型。

（1）操作模型。该模型首先统计正常使用时的一些固定指标，然后描述这一指标并假设异常可通过测量结果与固定指标相比较得到。例如，一个在晚上 10

点到早上 8 点从不登录的用户账号在凌晨试图登录，且在短时间内多次登录失败，这种行为很有可能是口令尝试攻击。

（2）方差模型。计算参数的方差，设定其置信区间，当测量值超过置信区间时，表明有可能是异常。

（3）多元模型。操作模型的扩展，通过同时分析多个参数实现检测。

（4）马尔可夫过程模型。将每种类型的事件定义为系统状态，用状态转移矩阵来表示状态的变化，当一个事件发生时，或状态矩阵转移的概率较小时，则可能是异常。

（5）时间序列分析。将事件计数与资源耗用根据时间排成序列，如果一个新事件在该时间发生的概率较小，则该事件可能是入侵。

统计方法的优点是它可以"学习"用户的使用习惯，从而具有较高检出率与可用性。但是"学习"能力也给入侵者机会，入侵者可通过逐步"训练"使入侵事件符合正常操作的统计规律，通过入侵检测系统。

常见的异常检测方法包括统计异常检测、基于特征选择异常检测、基于贝叶斯推理异常检测、基于贝叶斯网络异常检测、基于模式预测异常检测、基于神经网络异常检测。目前比较流行的方法是采用数据挖掘技术来发现各种异常行为之间的关联性，包括源 IP 关联、目的 IP 关联、特征关联等。

（三）协议分析技术

协议分析技术是新一代 IDS 系统探测攻击手法的主要技术，也是目前比较流行的检测技术。它利用网络协议的高度规则性并结合高速数据包捕捉、协议分析和命令解析，快速探测攻击的存在。

网络协议的核心是 TCP/IP 协议集，包含了各层次的协议。采用协议分析技术的 IDS 能够理解不同协议的原理，通过分析这些协议的流量，来寻找不正常的行为。

协议分析技术提供了一种高级的网络入侵解决方案，可以高效地检测更广泛的攻击，包括已知的和未知的。协议分析技术的优点如下。

（1）解析命令字符串。URL第一个字节的位置给予解析器。解析器是一个命令解析程序。协议分析技术可以针对不同的应用协议生成不同的协议解析器，对每一个用户命令做出详细分析。

（2）探测碎片攻击和协议确认。在基于协议分析的IDS中，各种协议都被解析，如果出现IP碎片设置，数据包首先将被重装，然后进行协议分析来了解潜在的攻击行为。由于协议被完整解析，这还可以用来确认协议的完整性。

（3）当系统提升协议栈来解析每一层时，它会用已获得的知识来消除不可能出现的攻击。例如，如果第四层的协议是TCP，那么就不用搜索其他第四层协议。这样一来，效率会提高。

（4）由于基于协议分析的IDS系统知道潜在攻击的确切位置，降低了误报率。

目前，国际上优秀的IDS系统主要是以基于标识的特征检测技术为主，并结合异常检测、协议分析技术，一个完备的IDS系统一定是同时基于主机和网络的分布式系统。

## 三、入侵检测产品选型和使用

经过发展，入侵检测产品开始步入快速成长期。从技术上看，这些产品基本上分为以下几类：基于网络的产品和基于主机的产品。混合的入侵检测系统可以弥补一些基于网络与基于主机产品的缺陷。此外，文件的完整性检查工具也可以看作一类入侵检测产品。

目前，在安全市场上，常见的入侵检测产品是基于网络的网络入侵检测产品（NIDS）和基于主机的主机入侵检测产品（HIDS）。

基于网络的入侵检测产品安装在比较重要的网段，不停地监视网段中的各种数据包，对每一个数据包进行特征分析。如果数据包与产品内置的某些规则吻合，其就会发出警报甚至直接切断网络连接。目前，大部分入侵检测产品是基于网络的。

基于主机的入侵检测产品通常安装在被重点检测的主机，对该主机的网络实时连接以及系统审计日志进行智能分析和判断。如果其中主体活动违反统计规律，入侵检测产品就会采取相应措施。

HIDS 将探头（代理）安装在受保护系统，它要求与操作系统内核和服务紧密捆绑在一起，监控各种系统事件，如对内核或 API 调用，以此来防御攻击并对这些事件进行日志记录；还可以监测特定的系统文件和可执行文件调用，以及 Windows NT 和 Unix 环境下的系统记录。对于特别设定的关键文件和文件夹，也可以进行适时轮询监控。HIDS 能对检测的入侵行为、事件给予积极的反应，比如，断开连接、查封用户账号、提交警报等。现在的某些 HIDS 甚至吸取了网络管理、访问控制等方面的技术，能够很好地与系统乃至系统上的应用紧密结合。

在众多 IDS 产品中，如何选择最适合自己的产品，是客户要综合考虑的问题，综合各种因素，可以从产品安全级别、IDS 的测试和评估 2 个方面来考虑。

（一）产品安全级别

从安全工程的角度来分析产品选型过程，可以清晰地看到，现有产品选型往往注重于产品的易用性、性能指标等，忽略了基本的安全需求，其评估方法和过程的主观因素较强。客户在产品选型中，应分析和明确应用的安全强度需求，评估 IDS 产品是否具有足够的安全功能和安全保证，最后综合判断安全强度能否满足应用的要求。

（二）IDS 的测试和评估

在分析 IDS 的性能时，主要考虑检测系统的有效性、效率和可用性。有效性，是指检测系统的检测精确度和检测结果的可信度，它是开发设计和应用 IDS 的前提和目的，是测试评估 IDS 的主要指标。效率，则从检测系统处理数据的速度以及经济性的角度来考虑，侧重检测系统性价比的改进。可用性主要包括系统的可扩展性、用户界面的可用性、部署配置的方便程度等。有效性是测试评估 IDS 的主要指标，但效率和可用性对 IDS 的性能也起到很重要的作用。效率和可用性渗透于系统设计的各个方面。总体来说，一个好的入侵检测系统应该具有以下特点。

1. 检测效率高

一个好的检测系统应该具有较高的检测效率，能够快速地处理数据包，不能出现丢包、漏包的现象。网络安全设备的处理效率一直是影响网络性能的因素，如果检测效率跟不上网络数据传输速度，将无法保证网络数据的安全。所以，入侵检测系统的检测效率是评判其性能的重要指标。

另外，效率高并不仅意味着处理数据的速度快，还要保证检测可信度高，仅保证速度而不保证可信度并不是真正的高效率。如果漏报太多，就会影响人们对产品的信心。

提到检测可信度，必须先了解 2 个概念：检测率和虚警率。检测率是指被监控系统在受到入侵攻击时，检测系统能够正确报警的概率。虚警率是指检测系统在检测时出现虚警的概率。一般 IDS 产品会在两者中取一个折中且能够进行调整以适应不同的网络环境的方案。

在测试评估 IDS 的具体实施过程中，除了要考虑 IDS 的检测率和虚警率，往往会单独考虑与这 2 个指标密切相关的一些因素，比如，能检测的入侵特征数量、IP 碎片重组能力、TCP 流重组能力。能检测的入侵特征数量越多，检测率也就越高。此外，攻击者为了加大检测的难度甚至绕过 IDS 的检测，常会发送一些特别设计的分组。

为了提高 IDS 的检测率，降低 IDS 的虚警率，IDS 常常需要采取相应的措施。因为分析单个的数据分组会导致许多误报和漏报，所以 IP 碎片重组可以提高检测的精确度。IP 碎片重组的评测标准有 3 个性能参数：能重组的最大 IP 分片数；能同时重组的 IP 分组数；能进行重组的最大 IP 数据分组的长度。TCP 流重组是为了对完整的网络对话进行分析，它是网络 IDS 对应用层进行分析的基础。如检查邮件内容、附件，检查 FTP 传输的数据，禁止访问有害网站，判断非法 HTTP 请求等，它们都会直接影响 IDS 的可信度。

2. 资源占用率小

除了考虑效率，也要综合考虑产品对资源的占用情况，如对内存、CPU 的使用。一个好的入侵检测产品应该尽量少占用系统的资源。通常，在同等检测有效性的前提下，对资源的要求越低，IDS 的性能越好，入侵检测能力也就越强。

一些恶意攻击的目的是耗尽目标系统的资源，入侵检测系统应该能够自我保护，一旦发现资源占用率过高，应该及时采取措施，以免系统瘫痪。

3. 可靠性好，抗攻击能力强

和其他系统一样，IDS 本身存在安全漏洞。若对 IDS 攻击成功，则直接导致其报警失灵，入侵者在其后的行为将无法被记录。因此，IDS 必须保证自己的安全性。IDS 本身的抗攻击能力也就是 IDS 的可靠性，是评价入侵检测产品性能的重要指标。

4. 可用性好

可用性主要是指安装、配置、管理和使用入侵检测产品的方便程度。一个好的入侵检测产品要有友好的界面和易于维护的攻击规则库，便于用户配置和管理。

除了以上 4 个方面，用户在选择入侵检测产品时，要综合考虑价格、特征库升级与维护的费用、最大可处理流量、运行与维护开销、产品支持的入侵特征数、是否通过了国家权威机构的评测等方面的因素。

总之，用户在选择产品时，一定要根据自己的需求，实事求是，综合考虑，选购最适合自己的产品。

## 第六节　虚拟专用网技术

虚拟专用网（VPN），是通过公用网络（通常是互联网）建立一个临时的、安全的连接，是一种"基于公共数据网，给用户一种直接连接到私人局域网感觉的服务"。VPN 不但极大地降低了用户的费用，而且提供了较高的安全性和可靠性。

VPN 可分为 3 大类：①企业各部门与远程分支之间的 Internet VPN；②企业网与远程（移动）雇员之间的远程访问 VPN；③企业与合作伙伴、客户、供应商之间的 Extranet VPN。

通常，VPN 是对企业内部网的扩展，可以帮助远程用户同公司的内部网建立可信的安全连接，并保证数据的安全传输。VPN 可用于移动用户不断增长的全球互联网接入，以实现安全连接；可用于实现企业网站之间安全通信的虚拟专用线路。由于采用了"虚拟专用网"技术，即用户并不存在一个独立专用的网络，用户既不需要建设或租用专线，也不需要装备专用的设备，就能组成一个属于自己的电信网络。

现代企业越来越多地利用 Internet 资源来进行销售、售后服务以及培训合作等活动。许多企业倾向于利用 Internet 来替代私有数据网络。这种利用 Internet 来传输私有信息而形成的逻辑网络就称为虚拟专用网。不同类型的公用网络，通过网络内部的软件控制就可以组建不同种类的虚拟专用网。例如，利用公用电话网可以构建"虚拟专用电话网"。

虚拟专用网实际上就是将 Internet 看作一种公有数据网，这种公有数据网和PSTN 在数据传输上没有本质的区别，从用户观点来看，数据都被正确传送到了目的地。相对地，企业在这种公有数据网上建立的用以传输企业内部信息的网络被称为私有网。

VPN 产品从第一代 VPN 路由器、交换机，发展到第二代的 VPN 集中器，性能得到提高。在网络时代，一个经济主体的发展快慢取决于能否最大限度地利用网络，VPN 将是经济主体的重要选择。

# 一、VPN 技术

虚拟专用网架构中采用了多种安全技术，如隧道技术、加 / 解密技术、密钥管理技术、身份认证技术等，通过上述各项安全技术，确保资料在公有网络中传输时不被窃取。

## （一）隧道技术

隧道技术是一种通过互联网的基础设施在网络之间传递数据的技术。使用隧道技术传递的数据（或负载）可以是不同协议的数据包。隧道技术将这些数据包重新封装在新的包头中发送。新的包头提供了路由信息，从而使封装的数据包能够通过互联网传递。

被封装的数据包在隧道的 2 个端点之间通过公共互联网路由，在公共互联网上传递时所经过的逻辑路径称为隧道。一旦到达网络终点，数据包将被解包并转发到最终目的地。注意：隧道技术是指包括数据包封装、传输和解包在内的全过程技术。

隧道技术简单地说就是原始数据包在 A 地进行封装，到达 B 地后把封装去掉还原成原始数据包，这样就形成了一条由 A 到 B 的通信隧道。目前，实现隧道技术的有一般路由封装（GRE）、第二层隧道协议（L2TP）和点对点隧道协议（PPTP）。L2TP 比 PPTP 更安全，因为 L2TP 接入服务器能够确定用户是从哪里来的。L2TP 主要用于比较集中的、固定的 VPN 用户，而 PPTP 比较适合移动的用户。

GRE 主要用于源路由和终路由之间的隧道。例如，将通过隧道的报文用一个 GRE 报文头进行封装，然后带着隧道终点地址放入隧道。当报文到达隧道终点时，GRE 报文头被剥掉，继续寻找目标地址。GRE 隧道通常是点到点的，即只有一个源地址和一个终地址。然而也有一些允许点到多点的，即一个源地址对多个终地址。这时候就要和下一跳解析协议（NHRP）结合使用。NHRP 主要是为了在路由之间建立捷径。

L2TP 是 L2F 和 PPTP 的结合，但是由于 PC 的桌面操作系统包含 PPTP，所以 PPTP 比较流行。隧道有 2 种，即"用户初始化"隧道和"NAS 初始化"隧道。前者一般指"主动"隧道，后者指"强制"隧道。"主动"隧道是用户为某种特定目的的请求建立的，而"强制"隧道则是在没有任何来自用户的动作以及选择的情况下建立的。

L2TP 作为"强制"隧道模型，是让拨号用户与网络中的另一点建立连接的重要机制。建立过程如下：①用户通过 Modem 与 NAS 建立连接；②用户通过 NAS 的 L2TP 接入服务器身份认证；③在政策配置文件或 NAS 与政策服务器进行协商的基础上，NAS 和 L2TP 接入服务器动态地建立一条 L2TP 隧道；④用户与

L2TP 接入服务器之间建立一条点到点协议（PPP）访问服务隧道；⑤用户通过该隧道获得 VPN 服务。

与之相反的是，PPTP 作为"主动"隧道模型允许终端系统进行配置，与任意位置的 PPTP 服务器建立一条不连续的、点到点的隧道。并且，PPTP 协商和隧道建立过程都没有中间媒介 NAS 的参与，NAS 只是提供网络服务。

PPTP 建立过程如下：①用户通过串口以拨号 IP 访问的方式与 NAS 建立连接取得网络服务；②用户通过路由信息定位 PPTP 接入服务器；③用户形成一个 PPTP 虚拟接口；④用户通过该接口与 PPTP 接入服务器协商、认证建立一条 PPP 访问服务隧道；⑤用户通过该隧道获得 VPN 服务。

（二）加/解密技术

对通过公共互联网传递的数据必须加密，确保其他未授权的用户无法读取该数据。加/解密技术是数据通信中一项较成熟的技术，VPN 可直接利用现有技术。

加密技术可以在协议栈的任意层进行，可以对数据或报文头进行加密。在网络层中的加密标准是 IPSec。实现网络层加密较安全的方法是在主机的端到端进行加密。

还有一个选择是"隧道模式"，加密只在路由器中进行，而终端与第一条路由之间不加密。这种方法不太安全，因为数据从终端系统到第一条路由时可能被截取而危及数据安全。

端到端的加密方案中，VPN 安全粒度达到个人终端系统的标准；而"隧道模式"方案中，VPN 安全粒度只达到子网标准。

（三）密钥管理技术

密钥管理技术的主要任务是在公用数据网上安全地传递密钥而密钥不被窃取。现行密钥管理技术，又分为 SKIP 与 ISAKMP/OAKLEY 2 种。前者主要是利用 Diffie-Hellman 的演算法则，在网络上传输密钥；在后者中，双方各有两把密钥，分别用于公用、私用。

（四）身份认证技术

VPN 方案必须能够验证用户身份并严格控制只有授权用户才能访问。另外，方案必须提供审计和计费功能，显示何人在何时访问了何种信息。身份认证技术最常用的方式是认证使用者名称与密码或卡片式认证等。

## 二、VPN 的优点

1. 节约成本

这是 VPN 网络技术最为重要的优势，也是它胜于传统专线网络的关键所在。研究报告显示，拥有 VPN 的企业比采用传统方法的企业能够节省 30% 到 70% 的相关开销。

2. 增强安全性

在用户身份验证方面，VPN 是使用点到点协议（PPP）用户级身份验证的方法，这些验证方法包括密码身份验证协议（PAP）、质询握手身份验证协议（CHAP）、Shiva 密码身份验证协议（SPAP）、Microsoft 质询握手身份验证协议（MS-CAP）和可选的可扩展身份验证协议（EAP）。

在数据加密和密钥管理方面，VPN 采用点对点加密算法（MPPE）和网际协议安全（IPSec）机制进行加密，并采用公、私密钥的方法对密钥进行管理。MPPE 使 Windows 95、Windows 98 和 NT 4.0 终端可以从全球任何地方进行安全的通信。MPPE 加密确保了数据的安全传输，并且开销小。以上的身份验证和加密手段由远程 VPN 服务器强制执行。至于采用拨号方式建立 VPN 连接的情况，VPN 连接可以实现双重数据加密，使网络数据传输更安全。

3. 网络协议支持

VPN 支持最常用的网络协议，这样基于 IP、IPX 和 NetBEUI 协议网络中的客户机都可以很容易地使用 VPN。这意味着通过 VPN 连接可以远程运行依赖于特殊网络协议的应用程序。新的 VPN 技术可以支持如 Apple Talk、DECnet、SNA

等多数局域网协议，应用更加全面。

4.容易扩展

如果企业想扩大 VPN 的容量和覆盖范围，企业需做的事情很少，而且能及时实现，因为这些工作都可以交由专业的 NSP 来负责，从而可以保证工作的质量，更可以省去麻烦。企业只需与新的 NSP 签约，建立账户，或者与原有的 NSP 重签合约，扩大服务范围。VPN 路由器还能对工作站进行自动配置。

5.控制主动权

借助 VPN，企业可以利用 ISP 的设施和服务，同时掌握着自己网络的控制权。比方说，企业可以把拨号访问交给 ISP，由自己负责用户查验、访问权、网络地址、网络变化管理等方面的重要工作。

6.IP 地址安全

VPN 是加密的，数据包在互联网中传输时，互联网上的用户只看到公用的 IP 地址，看不到数据包内的专有网络地址。因此，专有网络地址是受到保护的。

7.支持新兴应用

许多专用网对新兴应用准备不足，如那些要求高带宽的多媒体和协作交互式应用。VPN 则可以支持各种高级的应用，如 IP 语音、IP 传真，还有各种协议等，而且随着网络接入技术的发展，新的 VPN 技术可以支持其他宽带技术。

# 三、VPN 安全防范策略

无线局域网的应用在扩展网络用户自由空间的同时带来了新的安全问题，其安全威胁更加复杂，安全防御难度更大。当数据通过不安全的网络进行传输时，使用者发送或接收的数据都有可能被附近人拦截。

下面介绍无线局域网的安全防范策略。

（一）设置路由器密码

为防止他人更改路由器，需要设置单独的路由器密码，该密码要与保护无线局域网的 Wi-Fi 密码有所区别。新买的路由器一般不设密码，或者只设简单的默认密码。

如果不设置路由器密码，攻击者可以轻易入侵用户的无线局域网，拦截通过无线局域网分享的数据，并对连接到该无线局域网的计算机发起攻击。

在浏览器中输入路由器的网址，打开路由器 Web 设置界面，单击左侧的"修改管理员密码"，在右侧会显示修改管理员密码界面，输入新设定的密码，单击"保存"按钮即可。需要注意的是，密码要满足复杂性要求，不要告诉他人。

（二）设置 Wi-Fi 密码

网络设备提供多种方式保护无线局域网络，一般分为有线等效加密（WEP）、无线网络安全接入（WPA）、二代无线网络安全接入（WPA2）。

在设置 Wi-Fi 密码时，既可以在路由器 Web 设置界面设置 Wi-Fi 密码，也可以单击计算机桌面右下方的无线局域网连接图标，选择自己的无线局域网络，右击鼠标，在弹出的快捷菜单选择"属性"，弹出"无线网络属性"界面，在"安全"选项卡中设定相关信息，"安全类型"选择"WPA2-个人"，"加密类型"选择"AES"，并在"网络安全密钥"一栏中设定 Wi-Fi 密码。选择复杂度强的密码十分重要，最好使用由数字、字母等组成的长密码。

（三）禁用 SSID 广播

服务集标识（SSID）技术可以将一个无线局域网分为几个需要不同身份验证的子网络，每一个子网络都需要独立的身份验证，只有通过独立身份验证的用户才可以进入相应的子网络，防止未被授权的用户进入。

如果开启 SSID 广播，无线网卡 Wi-Fi 可以自动识别出无线路由器的 SSID 名称。如果无线局域网络是私用的，则应该设置禁止 SSID 广播，避免被他人蹭网，从而提高无线局域网的安全性。禁用 SSID 广播后，用户自己搜不到网络的名字，需要手动输入路由器的名字。需要说明的是，因为有的手机无法识别中文名字，所以给无线局域网络命名时最好使用英文。

打开路由器 Web 设置界面，选择窗口左侧的"无线设置"选项，不要勾选"开启无线广播"。设置完毕后，单击计算机桌面右下方的无线局域网连接图标，在打开的界面中不会出现无线局域网络名称，连接最下方的"其他网络"，会弹出"连接到网络"对话框，在"名称"文本框中输入无线局域网络名称，单击"确定"按钮，然后在"安全密钥"文本框中输入正确的密码，单击"确定"按钮即可成功连接到无线局域网。

### （四）无线 MAC 地址过滤

无线 MAC 地址过滤实际上就是设置连接无线信号权限黑、白名单，可以有效防止被蹭网。不同路由器界面风格不一样，不同界面中无线 MAC 地址过滤功能的设置方法不同，需要根据实际界面选择对应的设置方法。下面介绍 TP-LINK 无线 MAC 地址过滤方法。

登录路由器管理界面，选择"无线设置"→"无线 MAC 地址过滤"，选择"过滤规则"（如果只允许某些无线终端连接路由器，则"过滤规则"选择允许，即设置白名单；如果只禁止某些无线终端连接路由器，则"过滤规则"选择禁止，即设置黑名单）。

注意：如果用户使用无线终端设置，则暂不启用过滤功能，否则会导致无线终端无法连接无线信号。单击"添加新条目"，在弹出的对话框中填写允许接入的无线终端的地址。如有多个无线终端需要接入，请逐一添加。

单击"启用过滤"按钮，确认"MAC 地址过滤功能"为"已开启"。

至此，无线 MAC 地址过滤功能设置完成。

在路由器新界面，路由器没有无线 MAC 地址过滤的功能，但可以禁止特定的无线终端接入无线信号，即设置黑名单。具体设置方法如下。

在管理界面单击"设备管理"，在左侧区域会显示已经连接到用户无线局域网的设备，找到需要禁止连接的设备，单击"禁用"按钮即可。

还可以对某一设备做其他的设置，如限制上传速度、下载速度和上网时间等。具体操作：选择要设置的设备，单击"管理"按钮，弹出设置界面，如果要对该设备的上传速度和下载速度进行限制，可以单击"限速"按钮进行设定；如果对上网时间进行设置，可以单击下方的"添加允许上网时间段"，在弹出的对话框中进行相关设置即可。

第七节　网络攻击的防御技术

## 一、漏洞及修复

随着科技的发展，硬件、软件的设计和实现越来越复杂，不同种类的漏洞随之出现。了解漏洞产生的原因，掌握如何修复漏洞、如何使用安全工具，对于用户而言具有十分重要的意义。

漏洞是在硬件、软件、协议的具体实现或系统安全策略下存在的缺陷，使攻击者能够在未授权的情况下访问或破坏系统。

（一）漏洞分类

（1）硬件漏洞：发生在各种硬件设备上的漏洞。在所有硬件漏洞中，发生在 CPU 的漏洞所产生的影响最为广泛，造成的危害最为严重。如在 2018 年 Intel 公司的 CPU 被爆出存在 Meltdown（熔断）、Spectre（幽灵）两组高危漏洞。

利用 Meltdown 漏洞，低权限用户可以访问内核的内容，并获取本地操作系统底层的信息。当用户通过浏览器访问了包含 Spectre 漏洞的网站时，用户的账号、密码等个人隐私信息可能泄露。在某些云服务中，利用 Spectre 漏洞，黑客甚至可以突破用户之间的隔离，窃取其他用户的数据。

（2）软件漏洞：发生在操作系统、应用程序等软件上的漏洞。如曾经爆出的 Windows2000 操作系统中用户登录时使用中文输入法漏洞。使用此漏洞，非授权人员可以在登录时绕过 Windows 的用户名和密码验证获得计算机的最高权限。

再如，在各种应用程序中经常出现的缓冲区溢出漏洞。在此类漏洞，程序没有对接收的输入数据进行有效检测就放入缓冲区（存放数据的内存块），此时输入的数据溢出到缓冲区之外的内存空间。这部分溢出数据覆盖了正常的数据，从而导致程序运行失败、免密码登录、执行攻击者的指令等后果。

在所有的软件漏洞中，系统漏洞对用户的影响最为广泛和直接。系统漏洞是指操作系统软件在逻辑设计上的缺陷或错误。当它被不法分子利用时，通过植入病毒等方式就可以攻击或控制整个计算机，从而窃取计算机中的重要资料，甚至破坏系统。

（3）网络协议漏洞：在互联网中存在着大量开放性的协议，发生在这些协议上的漏洞被称为网络协议漏洞。如黑客可以利用协议的开放性和透明性窃取网络数据包，分析其中的有用信息；还可以利用协议中的潜在缺陷，实施拒绝服务攻击等。

（4）人为漏洞：指相关人员的安全意识淡薄导致的漏洞。如设置过于简单的口令，被黑客轻易地破解；对用户的输入信息不做处理，导致信息泄露等。

## （二）系统漏洞的修复方法

修复硬件、软件和网络协议漏洞可以采用更新程序的方法。如更新补丁、升级硬件固件、更新驱动程序等。至于规避人为漏洞，可以采用加强安全意识、加强管理、养成良好的上机和上网习惯等方式。

对于用户来说，系统漏洞的修复尤为重要，下面以 Windows 操作系统为例，介绍系统漏洞的修复方法。

针对 Windows 操作系统，微软公司会经常发布更新补丁，这些更新被分为重要更新和可选更新 2 类。

用户对于漏洞有多严重、漏洞是否需要修复等问题，是不好确定的。因此，用户一定要定期进行更新，不要自作主张。对于可选更新，用户可以根据更新的提示，结合系统的实际情况进行选择性更新。

系统更新往往会占用比较多的内存和 CPU 资源，有时会重启计算机，这让用户误以为更新系统会影响计算机的性能。其实，这种观点是错误的，在很多情况下，更新系统会改善计算机性能。

除了使用操作系统的更新功能，还可以使用第三方安全工具软件对系统漏洞进行修复更新。目前，常见的第三方安全工具软件基本可以实现病毒查杀、漏洞修复、文件保护、设备检测、网络防御等功能。

系统安装安全工具软件后，首先，使用安全工具软件的漏洞扫描功能对系统进行漏洞扫描，在发现存在漏洞时进行修复；其次，需要查看系统是否存在病毒、木马等恶意代码，是否存在浏览器主页被篡改、注册表信息被修改等问题，此时就需要使用病毒查杀功能；最后，为了优化系统性能，可以使用安全工具软件的垃圾清理、电脑加速等功能进行优化。

## 二、网络攻击的种类、特点和对象

网络攻击是利用网络中存在的漏洞等对网络系统的硬件、软件及系统中的数据进行攻击。

### （一）网络攻击的种类

常见的网络攻击，按照 OSI 七层协议，可以分为①物理层；②数据链路层；③网络层；④传输层；⑤会话层；⑥表示层；⑦应用层。

网络攻击按照攻击目的，可以分为中间人攻击（为了获得网络数据）和拒绝服务攻击。

按照攻击结果，网络攻击可分为主动攻击和被动攻击 2 种类型，其中主动攻击会导致数据流的篡改和虚假数据流的产生，如伪造消息、篡改数据、拒绝服务；被动攻击则不对数据信息做任何修改，如在未经用户认可的情况下截取数据、窃听信息。

1. 主动攻击

主动攻击是对网络上的数据流进行伪造或篡改，主要分为以下几种类型。

（1）伪造消息：通过冒充网络上的某个实体，以获取的合法身份对网络进行攻击。

（2）篡改数据：通过对网络上的合法数据进行修改、删除、改变顺序等手段，达到非法再次利用的目的。

（3）拒绝服务：采用阻止合法数据有效传播的方法，对网络目标进行拒绝服务攻击。当资源被耗尽时，其他网络请求将无法完成。

2. 被动攻击

被动攻击是监听网络上的数据并对获取的数据进行分析，主要分为以下几种类型。

（1）窃听消息：通过有线搭线监听、无线截获监听等手段获取数据，然后使用诸如协议分析、数据包还原等技术对数据进行窃取。

（2）流量分析：网络上的敏感信息大多是保密的，攻击者虽然从截获的数据中无法得到真实内容，但通过观察这些数据，可以确定通信双方的位置、通信的次数及数据的长度，进而获知敏感信息。

说到网络攻击（见图 2-20），必然会提到黑客。黑客一词源于英文 Hacker，一般指热衷于计算机技术、水平高超的计算机使用者。这些人专注于研究漏洞和

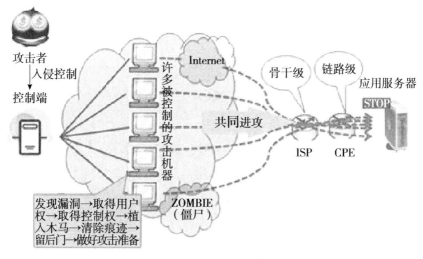

图 2-20　网络攻击

恶意程序，以入侵网络系统或应用系统为乐。如今，黑客泛指那些为了显示自己的本领和成就，以恶意入侵互联网用户、各类系统，进而进行破坏或窃取为目的的群体。

（二）网络攻击的特点

简单地说，网络攻击是指任何没有经过授权而试图进入他人计算机网络的行为，其特点如下。

1.影响和危害巨大

网络攻击的目标往往是网络上的服务器和保存在服务器上的数据，一旦攻击成功，要么造成用户的隐私泄露、网络瘫痪、财产损失，要么威胁到整个社会的安全。

2.方法多样、手段隐蔽

网络攻击的方法多种多样。攻击者既可以通过监听网络上的数据包来窃取别人的数据，也可以精心设计一条 SQI 指令或是 Shell 代码，通过正常的网络请求堂而皇之地进入服务器；还可以通过一些特殊的方法绕过防火墙，进入行业内网；甚至还可以利用网络规则，阻止网站正常访问，造成网站资源耗尽，导致目标服务器停止服务。

3.防范困难

有些网络攻击行为伪装得非常好，甚至有些网络攻击本身就是合法的网络请求。因此，防范这些网络攻击是非常困难的。

（三）网络攻击的对象

随着网络应用的不断扩大与发展，网络攻击的对象及目标也在日益变化，近年来网络攻击的主要对象包括以下几个方面。

1. Web

Web 网站是网络攻击较多的地方，除了使用社交软件，用户的上网行为大多使用 Web 服务。针对 Web 的攻击具有成本低廉、可使用的攻击工具众多等特点。很多攻击者仅仅看了几本书、看了几段视频、掌握了几个工具就可以进行Web 攻击，这也是针对 Web 攻击较多的一个重要原因。

2. 手机

目前智能手机的上网用户已经非常多，智能手机使用的操作系统主要有 2个：苹果公司主导的 iOS 和谷歌公司主导的 Android。

iOS 本身是一个不开放源代码的封闭系统，安全性相对较高。但是，很多用户为了追求免费软件和使用上的"完美性"而疯狂"越狱"，这种行为带有很大的危险性，用户不知道越狱软件给手机安装了什么、动了什么手脚，也不知道"越狱"操作对 iOS 的破坏有多严重，事实上，"越狱"的系统异常脆弱。

Android 本身是一个相对于 iOS 而言更加开放的操作系统。但是，这种开放性对于安全性带来的威胁更大。众多的 Android 开发商针对原生的 Android 进行二次开发，同时部分 Android App 开发商不具备安全意识，这些都给 Android 的安全性带来巨大挑战。

3. 智能终端

随着科技的发展，越来越多的智能终端诸如家庭路由器、机顶盒、穿戴设备等走进人们的生活，给人们带来极大便利，同时也带来安全问题。为了节省成本，一些智能终端开发商所使用的操作系统是开源的，使用的硬件一般是公版硬件，开发商甚至提供了远程管理接口和默认口令。这些都给攻击者提供了便利，攻击者很容易对智能终端进行"劫持"，从而得到信息。

4. 开源软件

开源软件的开发商之间是一种松散的关系，技术水平、安全意识参差不齐。在缺乏有效管理的情况下，开源软件的安全性具有很多问题。由于软件的开源性，攻击者通过多轮代码审计等技术方法，可以发现系统中很难发现的漏洞。另外，个别开源软件的开发商本身就有非法的目的，其使用开源软件"钓鱼"，在开源软件中存放木马、病毒等恶意代码。

5. 共享产品

现在各种共享产品如雨后春笋般遍地开花。但在带来便利的同时，共享产品也带来安全问题。在各种共享产品中，不法分子利用最多的是二维码。实际使用的二维码很容易被不法分子替换成自制的二维码，一旦用户扫描，就会被诱导下载恶意程序。此外，一些共享产品（如共享充电宝）中被植入恶意设备，这些设备会伪装合理的连接请求，诱惑用户进行连接，从而获取用户手机的控制权限，轻而易举地窃取用户的隐私数据，并进行其他的非法活动。

## 三、网络攻击的方法

网络攻击的方法多种多样、发展迅速，常见的网络攻击方法有以下几种。

1. 跨站脚本

采用跨站脚本攻击，攻击者会向 Web 网页里插入使用 JavaScript 等脚本语言编写的恶意代码。当用户浏览该 Web 网页时，嵌入 Web 网页的恶意代码被执行，从而导致用户的浏览器被攻击者控制。

2. 跨站请求伪造

跨站请求伪造是指在用户不知道的情况下，利用浏览器中的 Cookie 或服务器中的 Session 盗取用户的合法身份，并假冒该身份进行用户操作的一种攻击方法。

3. 单击劫持

单击劫持采用的是一种视觉欺骗的方式。如攻击者使用一个透明的、不可见的标签、按钮或图片等组件，覆盖在一个正常的网页，使其与正常网页的标签、按钮或图片等组件重合。当用户进行单击操作时，请求的是攻击者伪装的透明组件，从而执行其中的恶意代码。

4. 注入攻击

注入攻击是指把用户输入的数据当作代码执行。在实施注入攻击时，攻击者会把预先设计好的包含 SQL 命令或脚本命令的数据，输入正常的 Web 表单输入项或页面请求的查询字符串，这些输入数据会欺骗服务器执行其中的 SQL 语句或脚本命令，从而达到攻击的目的。

5. 文件上传漏洞

文件上传功能是 Web 网站的常见功能，但这个功能会被攻击者利用。攻击者上传一个带有可执行脚本的恶意代码，通过脚本获取执行服务器命令的能力。

6. 分布式拒绝服务

分布式拒绝服务就是利用合理的请求造成服务器过载，导致其他正常的请求不可用的一种攻击方法。这种攻击方法被认为是所有攻击中较难防范的。

7. 社会工程

社会工程就是通过欺骗、假冒等非技术渗透方式，从合法用户那里得到系统口令、密码等重要信息，从而入侵计算机系统的攻击方法。

## 四、网络攻击的防御

### （一）加强网络攻击防范管理

对于终端来说，网络攻击防范管理要重视以下几个方面：①做好路由器的保护，它是攻击成败的关键点；②设置好口令；③终端的端口和服务是控制危险的平衡闸；④注意系统的升级；⑤带宽要足够，并且稳定，如果资金允许，配备强大的硬件防火墙；⑥对于黑客攻击，首先要考虑的是计算机本身不被攻破。如果计算机是"铁桶"一个，黑客无法在用户网络中的计算机取得任何访问的权限，当然就杜绝了泄密可能。

### （二）加强计算机操作系统的安全管理

可以从物理安全、文件系统安全、账号系统安全、网络系统安全和应用服务安全几个方面来考虑。

1. 物理安全

物理安全是指计算机所在的物理环境可靠，不会受到自然灾害（如水灾、雷电等）和人为的破坏（失窃）等。对计算机和系统信息提供全面保护，是其他安全手段的基础。所以，要特别保证所有的重要设备集中在机房，并制定机房相关制度，无关人员不得进入机房。

### 2. 文件系统安全

文件系统安全是指文件和目录的权限设置正确。对系统中那些重要的文件，要重新设置权限；在 Unix 与 Linux 系统中，还要注意文件的 setuid 和 setgid 权限，如是否有不适合的文件被设置了这些权限。

### 3. 账号系统安全

账号系统安全是指账号用户名和密码合乎规则，具有足够的复杂程度，不要把权限给没有必要的人。在 Unix/Linux 系统中，可以合理地使用 su 与 sudo 命令。关闭无用账号，比如员工在离开公司之后，一定要关闭其账号。

### 4. 网络系统安全

关闭一切不必要的服务；注意网卡不要处在监听的混杂模式；禁止 IP 转发，不转发定向广播，限定多宿主机，忽略和不发送重定向包，关闭时间戳响应，不响应 Echo 广播，不转发设置了源路由的包，加快 ARP 表过期时间，提高未连接队列的大小，提高已连接队列的大小；禁用 telnet 命令，用加密的 SSH 来远程管理；对 NIS/NIS+ 以及 NFS 进行安全设置等。

### 5. 应用服务安全

应用服务既是服务器存在的原因，又是经常会产生问题的地方。因为应用服务的种类太多，这里无法一一叙述，但是有一点可以肯定，就是没有一种应用程序是绝对安全的。

对于防止数据被窃取，也有手段可以采用，其可使黑客侵入计算机之后不能盗窃数据和资料，这就是访问控制和加密。系统访问控制需要软件来实现，可以限制 root 的权限。当然，还需要结合一些安全产品，比如防火墙、防病毒软件、入侵检测产品、生物统计学系统以及智能卡等。

### （三）网络攻击的安全防范方法

下面具体介绍一些网络攻击的安全防范方法。

1. DoS 攻击的防范

DoS 全称为 Denial of Service——拒绝服务。它通过协议方式，抓住系统漏洞，集中对目标进行网络攻击，直到对方网络瘫痪。这种攻击技术门槛较低，并且效果明显，防范起来比较棘手。

在应对常见的 DoS 攻击时，路由器本身的配置信息非常重要，可以从主机设置与网络设备设置 2 个角度去考虑，防止不同类型的 DoS 攻击。

（1）主机设置

所有的主机平台都有抵御 DoS 攻击的设置，总结一下，基本有以下 4 种：①关闭不必要的服务；②限制同时打开的 SYN 半连接数目；③缩短 SYN 半连接的 time out 时间；④及时更新系统补丁。

（2）网络设备设置

网络设备的设置可以从防火墙与路由器上考虑。

防火墙：禁止对主机非开放服务的访问；限制同时打开的 SYN 最大连接数；限制特定 IP 地址的访问；启用防火墙的防 DoS 攻击属性；严格限制对外开放服务器的向外访问。

路由器：以 Cisco 路由器为例，使用 CEF、Unicast 设置；访问控制列表（ACL）过滤；设置 SYN 数据包流量速率；升级版本过低的 iOS；为路由器建立 log server。其中，使用 CEF 和 Unicast 设置时要特别注意，使用不当会造成路由器工作效率严重下降，升级 iOS 也应谨慎。

扩展访问列表是防止 DoS 攻击的有效工具，其中 Show IP access-list 命令可以显示匹配数据包，数据包的类型反应了 DoS 攻击的种类，由于 DoS 攻击大多是利用了 TCP 协议的弱点，网络中如果出现大量建立 TCP 连接的请求，说明"洪水攻击"来了。此时，可以适时改变访问列表的配置内容，从而达到阻止攻击的目的。

如果用户的路由器具备 TCP 拦截功能，则也能抵制 DoS 攻击。其在对方发送数据包时可以很好地监控和拦截，如果数据包合法，则允许实现正常通信，否则，路由器将显示超时限制，以防自身的资源被耗尽。说到底，利用设备规则来合理屏蔽持续、高频度的数据冲击是防止 DoS 攻击的根本。

2. ARP 攻击的防范

如果计算机网络连接出现故障、IP 冲突、无法打开网页或频繁弹出错误对话框的情况，就要考虑是否遭到 ARP 攻击了。

ARP 攻击是由于 MAC 翻译错误造成计算机内的身份识别冲突，它和 DoS 攻击一样，目前没有特别系统的解决方案，但有一些值得探讨的技术。

在面对 ARP 攻击时，一般采取安装防火墙的方法来查找攻击元凶，利用 ARP detect 可以直接找到攻击者以及可能参与攻击的对象。ARP detect 默认启动后会自动识别网络参数，当然用户还是有必要进行深入设置的。要选择好参与内网连接的网卡，这点非常重要，因为以后的嗅探工作都是基于选择的网卡进行的，然后检查 IP 地址、网关等参数。

需要注意的是，检测范围根据网络内 IP 分布情况来设置，如果 IP 段不清楚，可以通过 CMD 下的 ipconfig 命令来查看网关和本机地址。不要加入过多无效 IP，否则影响后期扫描工作。管理员需要多做一些工作，尤其是路由器上的 IP 地址绑定，并且随时查看网络当前状态是否存在 IP 伪装终端，找到攻击源并采取隔离措施。

ARP 攻击一旦在局域网蔓延，就会出现一系列的不良反应。Sniffer 是网络管理的好工具，网络中传输的所有数据包都可以通过 Sniffer 来监测。同样 ARP 欺骗数据包也逃不出 Sniffer 的监测范围。通过嗅探—定位—隔离—封堵几个步骤，可以很好地排除大部分 ARP 攻击。

3. SQL 脚本攻击的防范

所谓 SQL 脚本攻击，就是利用现有应用程序，将恶意的 SQL 命令注入后台数据库引擎执行。SQL 脚本攻击（见图 2-21）更多建立在漏洞的基础上，它比 DoS 攻击和 ARP 攻击的门槛更高。

随着交互式网页的应用，越来越多的开发者在研究编写交互代码时，漏掉了一些关键字，造成一部分程序冲突，这里包括 Cookie 欺骗、特殊关键字未过滤等，其会导致攻击者可以提交一段数据库查询代码，根据程序返回的结果，获得

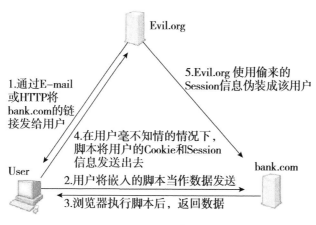

图 2-21　SQL 脚本攻击

一些想得到的数据。SQL 脚本攻击利用的是正常的 HTTP 服务端口，表面上看来和正常的 Web 访问没有区别，隐蔽性极强，不易被发现。

虽然这项技术稍显落后，但其覆盖面广，造成很多网站都不幸中招，甚至导致服务器被攻陷。

SQL 脚本攻击的特点就是变种极多，有经验的攻击者会手动调整攻击参数，致使攻击参数的变种繁多，这导致传统的特征匹配检测方法仅能识别相当少的攻击，难以防范所有攻击。因为采取了参数返回错误的思路，造成很多可以给攻击者提示信息的途径，所以系统防范起来还是很困难的，现在比较好的办法是通过静态页面生成方式，将终端页面呈现在用户面前，防止对方随意添加访问参数。

4. Web 欺骗攻击的防范

为确保安全，用户可以采取一些应急的措施：①关闭浏览器的 JavaScript 选项，使攻击者不能隐藏攻击的痕迹；②确保浏览器的地址行总是可见的，注意浏览器地址行上显示的 URL，确信他们一定指向所希望的服务器；③进入 SSL 安全连接时，仔细查看站点的证书是否与其声称的一致，不要被相似的字符所欺骗。

对访问进行限制：① IP 地址、子网、域的限制。预先对允许的 IP 地址子网和域进行授权。②使用用户名和密码。③加密。加密所有传输内容，除了接收者无人能懂。④ JavaScript、ActiveX 和 Java 都使得假冒越来越方便了，最好在浏览器上全部关闭它们。

5. 缓冲区溢出攻击的防范

缓冲区溢出是一种非常普遍、危险的漏洞，在各种操作系统、应用软件中广泛存在。利用缓冲区溢出攻击，可以导致程序运行失败、系统关机、重新启动等后果。更为严重的是，可以利用它执行非授权指令，甚至可以取得系统特权，从而进行各种非法操作。

缓冲区溢出攻击在远程网络攻击中占了大多数，这种攻击可以使一个匿名的Internet 用户有机会获得一台主机的部分或全部的控制权。如果能有效地消除缓冲区溢出的漏洞，则可以缓解很大一部分安全威胁。

目前有 4 种基本的方法保护主机免受缓冲区溢出的攻击和影响。

（1）非执行缓冲区

通过使被攻击程序的数据段地址空间不可执行，从而使攻击者不可能执行已植入被攻击程序输入缓冲区的代码，这种技术被称为非执行缓冲区技术。在早期的 Unix 系统设计中，只允许程序代码在代码段中执行。但是，由于近年来的Unix 和 MS Windows 系统要获取更好的性能和功能，往往在数据段中动态地放入可执行的代码，这也是缓冲区溢出的根源。为了保持程序的兼容性，不可能使所有程序的数据段不可执行。但是，可以设定堆栈数据段不可执行，这样可以保证程序的兼容性。

（2）编写正确的代码

编写正确的代码是一件非常有意义的工作，特别像编写 C 语言那种风格自由而容易出错的代码，这是由于追求性能而忽视正确性的传统引起的。人们开发了一些工具来帮助经验不足的程序员编写安全正确的代码。

用 grep 来搜索源代码中容易产生漏洞的库调用，如对 strcpy 的调用。

开发了一些高级的查错工具，如 Fault Injection 等。开发这些工具的目的是通过人为随机地产生一些缓冲区溢出来寻找代码的安全漏洞，还有一些静态分析工具用于侦测缓冲区溢出的存在。

侦测技术只能用来减少缓冲区溢出的可能，并不能完全消除它的存在。

（3）数组边界检查

数组边界检查能防止所有缓冲区溢出的产生和攻击。这是因为只要数组不能被溢出，溢出攻击也就无从谈起。为实现数组边界检查，所有对数组的读写操作都应当被检查以确保对数组的操作在正确的范围内。最直接的方法是检查所有的数组操作，但是通常可以采用一些优化的技术来减少检查的次数。

（4）程序指针完整性检查

程序指针完整性检查和数组边界检查有略微的不同，程序指针完整性检查在程序指针被引用之前检测它的改变。因此，即使一个攻击者成功地改变了程序的指针，由于系统事先检测到了指针的改变，这个指针也不会被使用。

与数组边界检查相比，这种方法不能解决所有缓冲区溢出问题，采用有些缓冲区溢出攻击方法可以避开这种检查。这种方法在性能上有很大的优势，而且兼容性也很好。

6. IP 地址欺骗的防范

即使是实现良好的 TCP/IP 协议，由于协议自身存在的一些问题，也会导致对 TCP/IP 网络的攻击，如序列号欺骗、路由攻击和源地址欺骗等。IP 地址欺骗包括源地址欺骗和序列号欺骗，是常见的攻击 TCP/IP 协议弱点的方法之一。实际上，IP 地址欺骗不是攻击的结果，而是攻击的手段。主要的攻击对象是基于 IP 地址鉴别的网络应用，如 Unix 系统中的 R 系列服务。

阻止 IP 地址欺骗的一种方法是在通信时要求加密传输和验证。还可以删除 Unix 中所有的 /etc/hosts.equiv、$HOME/.rhosts 文件，修改 /etc/inetd.conf 文件。另外，还可以通过设置防火墙过滤来自外部而信源地址却是内部 IP 的报文。再就是使用随机化的初始序列号，黑客攻击得以成功实现的一个很重要的因素就是序列号不是随机选择的或者随机增加的，一种弥补 TCP 不足的方法就是分割序列号空间，每一个连接将有自己独立的序列号空间，序列号将仍然按照以前的方式增加，但是在这些序列号空间中没有明显的关系。

7. 电子邮件欺骗的防范

电子邮件欺骗是一个很大的安全漏洞，形式有在电子邮件中声明该邮件是来自系统管理员，要求用户修改口令；电子邮件声称来自某一授权人，要求用户发送其口令文件或其他敏感信息的复制。

目前使用的 SMTP 基本没有验证功能，因此，伪造电子邮件进行电子邮件欺骗是不难的，可以使用假冒的发信人地址，而邮件服务器并不对发信人身份的合法性做任何检查。如果站点允许和 SMTP 端口连接，任何人都可以连接到该端口，并假冒用户或虚构用户的邮件。

用户应对电子邮件所带来的威胁引起足够重视，并了解和遵守安全政策。

防止邮件服务器被攻击的方法有 3 种：第一种是升级高版本的服务器软件，利用软件自身的安全功能限制垃圾邮件的大量转发或订阅反垃圾邮件服务；第二种就是采用第三方软件，利用诸如动态中继验证控制功能来实现，从而确保接收邮件的正确性；第三种是配置病毒网关、病毒过滤等功能，从网络的入口开始，阻止来自互联网的邮件病毒入侵，同时还要防止它们在进出网络时的传播。

保护电子邮件较有效的办法是使用加密签名技术。通过验证，可以保证信息是从正确的地方来，而且在传输过程中不被修改。

配置电子邮件服务器，不允许 SMTP 端口的直接连接。

如果配置了防火墙，可将外面来的邮件重定向到邮件服务器，便于集中管理和跟踪检查。

如果觉得服务器被攻击，应迅速确定攻击源，并调整防火墙或路由器的配置来过滤那些源头的包，或者配置防火墙使外头的 SMTP 连接只能到达指定服务器，而不能影响其他系统。当然，这虽不能防止攻击，但可以减少对其他系统的影响。

使用最新版本的电子邮件服务软件，可以提高系统记账能力，有利于对发生的事件进行追踪。电子邮件欺骗不一定是匿名行动，因此可根据头信息来跟踪出发地。

8. XSS 攻击的防范

XSS 攻击全称跨站脚本攻击，是一种在 Web 应用中的计算机安全漏洞，它允许恶意 Web 用户将代码植入到提供给其他用户使用的页面。

常见的 XSS 攻击有 3 种：

（1）反射型 XSS 攻击。一般是攻击者通过特定手法（如电子邮件），诱使用户去访问一个包含恶意代码的 URL，当用户单击这些专门设计的链接的时候，恶意代码会直接在用户主机上的浏览器执行。反射型 XSS 通常出现在网站的搜索栏、用户登录口等地方，常用来窃取客户端 Cookies 或进行钓鱼欺骗。

（2）存储型 XSS 攻击，也称持久型 XSS 攻击。主要将 XSS 代码提交存储在服务器端（数据库、内存、文件系统等），下次请求目标页面时不用再提交 XSS 代码。当目标用户访问该页面获取数据时，XSS 代码会从服务器解析之后加载出来，返回到浏览器做正常的 HTML 和 JS 解析执行，XSS 攻击就发生了。存储型 XSS 攻击一般出现在网站留言、博客日志等交互处，恶意脚本存储到客户端或者服务端的数据库。

（3）DOM 型 XSS 攻击。基于 DOM 的 XSS 攻击是指通过恶意脚本修改页面的 DOM 结构，是纯粹发生在客户端的攻击。DOM 型 XSS 攻击中，取出和执行恶意代码由浏览器端完成，属于前端 JavaScript 自身的安全漏洞。

防御 XSS 攻击的方法：

（1）对输入内容的特定字符进行编码，如表示 html 标记的＜＞符号。

（2）对重要的 Cookie 设置 HttpOnly，防止客户端通过 document.cookie 读取 Cookie，此 HTTP 头由服务端设置。

（3）将不可信的值输出 URL 参数之前，进行 URLEncode 操作，而对于从 URL 参数中获取值一定要进行格式检测（比如你需要的是 URL，就判断是否满足 URL 格式）。

（4）不要使用 Eval 来解析并运行不确定的数据或代码，对于 JSON 解析请使用 JSON.parse（）方法。

（5）后端接口也应该做到过滤关键字符。

9. 嗅探扫描的防范

网络扫描无处不在，对于服务器来说，被扫描可谓是危险的开始。下面以 Sniffer 为主，介绍如何发现和防范 Sniffer 嗅探器。

通过一些网络软件，可以看到信息包传送情况，像 Ping 这样的命令会告诉你掉了百分之几的包。如果网络中有人在监听扫描，那么信息包传送将无法每次都顺畅地到达目的地，这是由于 Sniffer 拦截每个包导致的。

通过某些带宽控制器，比如防火墙，可以实时看到目前网络带宽的分布情况，如果某台机器长时间占用了较大的带宽，这台机器就有可能在监听。

另一个比较容易接受的是使用安全拓扑结构。这样的拓扑结构需要有这样的规则：一个网络段必须有足够的理由才能信任另一个网络段。网络段应该根据数据之间的信任关系来设计，而不是硬件需要。

安全扫描技术也称脆弱性评估技术，采用模拟黑客攻击的方式对目标可能存在的已知安全漏洞进行逐项检测，以便对工作站、服务器、交换机、数据库等设备、系统进行安全漏洞检测。

安全扫描技术按扫描的主体分为基于主机的安全扫描技术和基于网络的安全扫描技术；按扫描过程分为 Ping 扫描技术、端口扫描技术、操作系统探测扫描技术、已知漏洞扫描技术。

10. DNS 服务器的防护

首先，保护 DNS 服务器所存储的信息，而且此信息只能由创建者和设计者修改。部分注册信息的登录方式仍然采用一些比较过时的方法，如采用电子邮件的方式就可以升级 DNS 注册信息，这些过时的方法需要添加安全措施，例如采用加密的口令，或者采用安全的浏览器平台工具来提供管理域代码记录的方式。

其次，正确配置区域传输，即只允许相互信任的 DNS 服务器之间传输解析数据；还要配合防火墙使用，使得 DNS 服务器位于防火墙的保护之内，只开放相应的服务端口和协议；还有一点需要注意的是，使用那些较新的 DNS 软件，因为他们中有些可以支持控制访问方式记录 DNS 信息，因此域名解析服务器只对那些合法的请求作出响应。内部的请求可以不受限制的访问区域信息，外部的请求仅能访问那些公开的信息。

最后，系统管理员也可以采用分离 DNS 的方式，内部系统与外部系统分别访问不同的 DNS 系统，外部系统仅能访问公共的记录。

11. 路由器的安全防护

路由器作为互联网上重要的地址信息路由设备，直接暴露于网络。攻击路由器会浪费 CPU 周期，误导信息流量，使网络陷于瘫痪。

保护路由器安全还需要网络安全管理人员在配置和管理路由器过程中采取相应的安全措施。

（1）限制系统物理访问。限制系统物理访问是确保路由器安全的有效方法之一，即将控制台和终端会话配置成在较短闲置时间后自动退出系统；避免将调制解调器连接至路由器的辅助端口也很重要。一旦限制了路由器的物理访问，用户一定要确保路由器的安全补丁是最新的。因为漏洞常常是在供应商发行补丁之前被披露的，这就使黑客抢在供应商发行补丁之前利用受影响的系统，这需要引起用户的关注。

（2）加强口令安全。黑客常针对弱口令或默认口令进行攻击。采取加长口令、选用 30~60 天的口令有效期等措施有助于防止这类漏洞。另外，一旦重要的网络安全管理人员辞职，用户应该立即更换口令。用户应该启用路由器上的口令加密功能，实施合理的验证控制以便路由器安全地传输数据。

（3）应用身份验证功能。在大多数路由器上，用户可以配置一些加密和认证协议，如远程验证拨入用户服务。验证控制可以将用户的验证请求转发给通常在后端网络上的验证服务器，验证服务器还可以要求用户使用双因素验证，以此加强验证系统。

（4）禁用不必要的服务。拥有众多路由服务是件好事，但近来许多安全事件都凸显了禁用不必要服务的重要性，如禁止 CDP 服务；需要注意的是，禁用路由器上的 CDP 服务可能会影响路由器的性能。在路由器上，对于 SNMP、DHCP 以及 WEB 管理服务等，只有绝对必要的时候才可使用这些服务。

（5）限制逻辑访问。限制逻辑访问主要是借助合理处置访问控制列表，限制远程终端会话有助于防止黑客获得系统逻辑访问。其中，SSH 是优先的逻辑访问方法，还可以使用终端访问控制，以限制只能访问可信主机。因此，用户需要给 Telnet 在路由器上使用的虚拟终端端口添加一份访问列表。

（6）有限使用 ICMP 消息类型。控制消息协议（ICMP）有助于排除故障，但也为攻击者提供了用来浏览网络设备、确定本地时间戳和网络掩码以及对 OS 修正版本作出推测的信息。因此，为了防止黑客收集上述信息，只允许以下类型的 ICMP 流量进入用户网络：主机无法到达的、端口无法到达的、源抑制的以及超出生存时间的。此外，还应禁止 ICMP 流量以外的所有流量，以防止拒绝服务攻击。

（7）控制流量有限进入网络。为了避免路由器成为 DoS 攻击目标，用户应该拒绝以下流量进入：没有 IP 地址的包、采用本地主机地址、广播地址、多播地址以及任何假冒内部地址的包。虽然用户无法杜绝 DoS 攻击，但用户可以限制 DoS 的危害。

（8）安全使用 SNMP。如果用户使用 SNMP，那么一定要选择功能强大的共用字符串，最好是使用提供消息加密功能的 SNMP v3。如果不通过 SNMP 管理对设备进行远程配置，用户最好将 SNMP 设备设置成只读；拒绝对这些设备进行写操作，用户就能防止黑客改动或关闭接口。为进一步确保安全管理，用户可以使用 SSH 等加密机制，利用 SSH 与路由器建立加密的远程会话；为了加强保护，用户还应该限制 SSH 会话协商，只允许会话用于同用户经常使用的几个可信系统进行通信。

12. FTP 服务器的防护

（1）禁止匿名登录。允许匿名访问有时会被利用传送非法文件。取消匿名登录，只允许被预定义的用户账号登录，配置被定义在 FTP 主目录的 ACL（访问控制列表）来进行访问控制，并使用 NTFS 许可证。

（2）设置访问日志。通过访问日志可以准确得到 IP 地址和用户访问的记录。定期维护日志能估计站点访问量，找出安全威胁和漏洞。

（3）强化访问控制列表。运用 ACL 控制对 FTP 目录的访问。

（4）设置站点为不可视。如果你只需要用户传送文件到服务器而不是从服务器下载文件，可以考虑设置站点为不可视。这意味着用户被允许从 FTP 目录写入文件不能读取，这样可以阻止未授权用户访问站点。要设置站点为不可视，应当在"站点"和"主目录"设置。

（5）使用磁盘配额。磁盘配额可以有效地限制每个用户所使用的磁盘空间，授予用户对自己上传文件的完全控制权。使用磁盘配额可以检查用户是否超出了使用空间，能有效地限制站点被攻破所带来的破坏。并且，限制用户能拥有的磁盘空间，站点将不会成为那些寻找空间共享媒体文件黑客的目标。

（6）使用访问时间限制。限制用户只能在指定日期的时间内才能访问站点。如果站点在企业环境中使用，可以限制只有在工作时间才能访问服务器，下班以后就禁止访问以保障安全。

（7）基于 IP 策略的访问控制。FTP 可以限制具体 IP 地址的访问。限制特定的个体才能访问站点，可以减少未批准者登录访问的危险。

（8）审计登录事件。审计账户登录事件，能在安全日志查看器里查看企图登录站点的事件，以警觉非法入侵的可疑活动。它也作为历史记录用于站点入侵检测。

（9）使用安全密码策略。复杂的密码是采用终端用户认证的安全方式，是巩固站点安全的关键部分，FTP 用户账号设置密码时必须遵守以下规则：不包含用户账号名字的全部或部分；必须是至少 6 个字符长；包含英文大、小写字母、数字和特殊字符等多个类别。

（10）限制登录次数。Windows 系统安全策略允许管理员当账户在规定的次数内未登录的情况下将账户锁定。

13. DDoS 攻击的防范方法

DDoS 攻击是常见的网络攻击方式之一。它利用了 TCP/IP 协议的漏洞，除非不用 TCP/IP 协议，才有可能完全抵御住 DDoS 攻击。具体的 DDoS 攻击防范方法如下。

（1）采用高性能的网络设备。

（2）尽量避免 NAT 的使用。

（3）充足的网络带宽。

（4）选择专业的网络安全防护公司架设防御系统。

14. ICMP 攻击的防范

当一个主机收到 ICMP 重定向信息时，就会根据这个信息来更新自己的路由表。由于缺乏必要的合法性检查，如果一个黑客想要被攻击的主机修改它的路由表，黑客就会发送 ICMP 重定向信息给被攻击的主机，让该主机按照黑客的要求来修改路由表。

ICMP 重定向信息攻击的防御方法如下。

（1）网关端：①关闭 ICMP 重定向；②变长子网掩码划分网段；③使用网络控制列表（ACL）和代理。

（2）主机端：①可以使用防火墙等过滤掉 ICMP 报文，或使用反间谍软件监控；②结合防 ARP、IP 欺骗等进行防御。

15. SYN Flood 攻击的防范

SYN Flood 伪造 SYN 报文向服务器发起连接，服务器在收到报文后用 SYN_ACK 应答，此应答发出去后，不会收到 ACK 报文，造成一个半连接。若攻击者发送大量这样的报文，会在被攻击主机上出现大量的半连接，耗尽其资源，使正常的用户无法访问，直到半连接超时。在一些创建连接不受限制的主机里，SYN Flood 具有类似的影响，它会消耗掉系统的内存等资源。

启用 SYN Flood 攻击检测功能时，要求设置一个连接速率阈值和半开连接数量阈值，一旦发现保护主机响应的 TCP 新建连接速率超过连接速率阈值或者半开连接数量超过半开连接数量阈值，防火墙会输出发生 SYN Flood 攻击的告警日志，并且可以根据用户的配置采取以下 3 种措施：①阻止发往该保护主机的后续连接请求；②切断保护主机上的最老半连接会话；③添加受保护 IP 地址。

## 第八节　操作系统安全技术

操作系统是管理和控制计算机硬件与软件资源的计算机程序，是直接运行在裸机上最基本的系统软件，任何其他软件都必须在操作系统的支持下才能运行。

网络空间安全的威胁主要来自黑客攻击和恶意代码 2 个方面。操作系统作为系统软件，许多用户没有注意到操作系统自身的漏洞问题，也没有在操作系统使用过程中采取有效的安全策略和安全机制，从而使得黑客有可乘之机。所以，保证网络空间安全体系的首要环节就是确保操作系统的安全。

操作系统自身的漏洞，一般是指操作系统在逻辑设计上的缺陷和错误，这些缺陷和错误在研发、测试时没有被及时发现，后来，经过爱好者研究，或者是测试者发现，或者被有恶意目的的黑客利用，通过网络攻击手段，植入木马、病毒来控制整个网络主机或设备，窃取计算机信息系统的重要数据和信息资料，甚至破坏整个计算机的信息系统功能。同时，操作系统的研发人员为方便自己工作，在操作系统中留有"后门"。还有系统运行的硬件、网络通信等原因导致的研发人员无法弥补的漏洞，这些都可以作为操作系统自身漏洞的重要构成。从安全的角度来说，完全无缺陷、无漏洞的操作系统是不存在的。

目前，广泛应用的操作系统安全机制主要是身份认证和访问控制。身份认证是保证合法的用户使用操作系统，用户身份认证通常采用账号密码的方式，用户提供正确的账户和密码后，操作系统通过相应的安全机制，确认用户的合法身份，从而防止非法用户的侵入。访问控制是对系统资源使用的限制，访问控制主要保证合法用户的授权，保证合法用户访问和使用系统资源。一般情况下，访问控制机制依赖鉴别机制保证主体合法。将用户权限和资源特权联系起来，最终决定主体是否被授权对客体执行某种操作。因为访问控制决定用户对系统资源有怎样的权限，所以它对操作系统资源的安全具有重要影响。

操作系统是整个计算机系统的核心。操作系统的安全性也直接关系到计算机系统的安全和稳定。下面以 Windows10 版本为例，从 Windows 操作系统的安装安全、配置安全等方面分类介绍安全功能和实务应用。

（一）Windows 操作系统安装安全

1. 安装准备

安装操作系统时，计算机系统分区选择独立的主分区安装操作系统。安装操作系统的分区不要用于存储用户的数据资源，建议至少划分 3 个磁盘分区：第一个分区用来安装操作系统；第二个分区用来存放其他应用程序或网络服务；第三个分区用来存放重要的个人数据和日志文件。计算机系统分区采用 NTFS 文件格式，这样可以更好地保证文件的安全。

准备好硬件的驱动程序。一般情况下，购买的计算机通常都带有硬件驱动程序。如果在新安装的系统中无法识别硬件，或者系统自带的驱动程序版本太低而与硬件不匹配，那么可以为硬件安装最匹配的驱动；还可以在安装好系统后连接 Internet，从硬件制造商的官方网站下载与硬件型号相匹配的驱动程序，或以后定期下载硬件驱动程序的最新版本。最新版本的驱动程序可以提升硬件的性能，解决早期版本驱动程序存在的问题。

安装操作系统前要对计算机中的重要数据进行备份。如果准备全新安装 Windows，则要对整个硬盘进行重新分区或者全盘格式化，清除以前的所有数据。在进行这些操作之前，应该对计算机中存储的个人数据进行备份，以防丢失重要数据。除了使用专门的工具备份和还原操作系统中的设置与数据，大多数用户的方法是手动将重要的个人数据和文件复制到移动存储设备。

2. 最小化安装

一般情况下，普通用户在安装操作系统时都是默认安装，但操作系统安装的默认服务或默认启动不一定适合，甚至有一些服务或启动不安全，如 TCP/IP NetBIOS Helper 服务，所以最好选择最小化安装。在计算机主机上安装服务、控件时，要依据实际需要有选择地安装。在选择安装程序时，不要安装额外的程序和服务。

为了更详细地查看操作系统的各项服务，可以在"Windows 管理工具"中双击"服务"或直接在"运行"中输入 services.msc 打开服务设置窗口，如图 2-22 所示。用户也可以依据实际需要变更各项服务的启动类型，停止非必须使用的服务，保证操作系统最小化启动安全。

3. 安装系统补丁

微软操作系统是很多黑客、病毒开发者的重要目标，因此针对微软操作系统进行攻击、入侵或者传播病毒就越来越多。任何软件都有漏洞，微软的操作系统

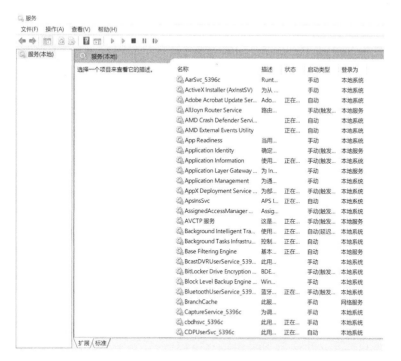

图 2-22　打开服务设置窗口

也不是无懈可击的。操作系统在开发的时候就有漏洞，在系统汉化的过程中还会产生更多漏洞。这些漏洞一旦被发现，有些人会直接攻击、入侵计算机系统。所以要经常安装系统补丁，系统补丁就是用来修补系统漏洞的，安装系统补丁能够减少攻击、入侵等对计算机系统的危害。微软提供的 Windows Update 程序可以直接连接到微软的系统补丁下载网站，获得最新的安全补丁程序，弥补近期发现的安全漏洞。微软的系统补丁下载网站中有不同的系统补丁安装方式，下载系统补丁包后可选择自动安装或手动安装。此外，用户也可以借助安全工具的系统补丁安装功能简化安装过程。

（二）Windows 操作系统配置安全

安全安装操作系统之后，如何配置安全性更高的操作系统成为每一个用户的新目标。作为安全性高的操作系统，不仅要处理多任务，还要管理和控制系统数据、运行程序和外部设备，同时让系统负载最小，加快计算的速度。这就要求用户合理地对操作系统进行配置。

1.系统启动配置

Windows 操作系统的启动过程涉及多个环节，尤其是对于在计算机上同时安装多个操作系统的情况，所涉及的启动过程更加复杂，很容易出现由于系统安装和配置不当，导致系统启动方面的问题。了解 Windows 操作系统的启动过程，不仅可以在出现系统启动问题时更快地确定问题的根源，还有利于更好地安装和配置系统启动环境。

通过系统配置工具，可以控制操作系统的启动方式，如可以选择以诊断模式启动系统，此时只会加载系统启动时所必需的设备和服务，还可以在系统配置工具中设置更多系统启动选项，如指定安全引导方式启动系统或默认启动操作系统。

在打开的"运行"对话框中输入 msconfig 后按 Enter 键，在"系统配置"对话框的"常规"选项卡中选择一种启动模式，如图 2-23 所示。

图 2-23　选择启动模式

在"引导"选项卡中设置安全引导项，如图 2-24 所示。勾选"安全引导"复选框，选择其下方的某个选项来使用安全模式启动系统。

2.用户账户配置

用户账户的概念在 Windows NT/2000/XP 后才有严格的限定。用户账户代表

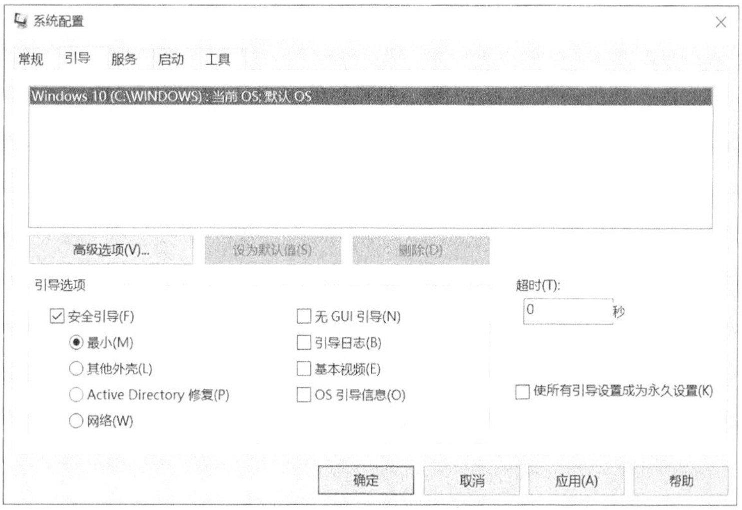

图 2-24　设置安全引导项

用户在操作系统中的身份，用户启动计算机并登录操作系统时，必须使用有效的用户账户才能进入操作系统。用户登录操作系统后，系统会根据不同的用户账户以及预先设置指派给每个用户的权限，限制不同类型的用户所能执行的操作。

Windows 操作系统中关于用户账户的安全配置如下。

（1）创建用户账户

Windows10 支持 2 种账户登录模式：一种是本地用户账户，另一种是 Microsoft账户。Microsoft 账户能够自动连接到微软的云服务器，可以实现账户信息、个人设置和系统设置自动同步，也可以登录各种网络应用或者使用 Windows 应用商店不断扩展的功能。

安装 Windows10 操作系统的过程中，系统会要求用户创建一个管理员账户，完成安装后会自动使用该管理员账户登录。出于安全和实际情况考虑，可以使用该管理员账户创建新账户。创建新账户的操作方法是选择"开始"按钮，然后选择"设置"→"账户"→"家庭和其他用户"→"将其他人添加到这台电脑"，如图 2-25 所示。

创建后账户默认权限为"标准用户"，用户可随时删除该账户。

若将新账户设置为管理员账户，则操作方法是选择"开始"→"设置"→

图 2-25　创建新账户

"账户"→"家庭和其他人员"（如果使用的是 Windows 企业版，请选择"其他人员"）。然后单击"更改账户类型"按钮，在"账户类型"下，选择"管理员"，单击"确定"按钮即完成设置。

若用户有 Microsoft 账户，则可以将 Microsoft 账户添加到 Windows10；若用户没有 Microsoft 账户，则需要进行注册，操作方法是添加一个没有 Microsoft 账户的用户，如图 2-26 所示。

图 2-26　添加账户

（2）设置管理用户账户密码

不管是不是多人使用同一台计算机，都应该为自己的用户账户设置密码，设置密码能有效地保护、控制个人文件，避免个人数据和重要信息泄露。标准用户一般只能为自己的用户账户设置密码，而管理员用户则可以为计算机中所有用户账户设置密码。

Windows10 操作系统的密码可以包括字母、数字、符号和空格。设置用户账户的密码时，可以设置密码提示来帮助用户记住所设置的密码。

标准用户设置密码的操作方法是选择"开始"→"设置"→"登录选项"→"密码"→"添加"。

管理员用户设置密码操作时可以在"设置"窗口中为自己的用户账户设置密码，还可以在"控制面板"窗口的"管理账户"→"更改账户"界面中为自己或其他用户设置密码，如图 2-27 所示。

图 2-27　为自己或其他用户设置密码

（3）控制用户使用计算机的方式

控制用户使用计算机的方式主要包括使用计算机的时间、可运行的程序。Windows10 的家庭功能在以往的基础上，提供了更为强大的功能，其只支持

Microsoft 账户，而不支持本地账户。管理员用户可以通过添加受控的 Microsoft 账户、管理用户使用计算机的方式、监控用户使用计算机的情况等功能实现系统安全管理与控制。

（三）Windows 操作系统策略配置

Windows10 操作系统的本地安全策略主要包括账户策略、本地策略、高级安全 Windows Defender 防火墙、网络列表管理器策略、公钥策略、软件限制策略、应用程序控制策略、IP 安全策略、高级审核策略等。这些策略可以对登录到计算机系统的账号定义安全设置。Windows10 系统管理员为本地资源、网络应用等进行设置以确保计算机系统安全，如规范用户密码的设置、通过账户策略设置账户安全性、通过锁定账户策略避免他人登录计算机、指派用户权限、限制用户使用应用程序、设置网络边界策略等。

设置本地安全策略的操作方法是选择"控制面板"→"管理工具"→"本地安全策略"，本地安全策略的内容如图 2-28 所示。

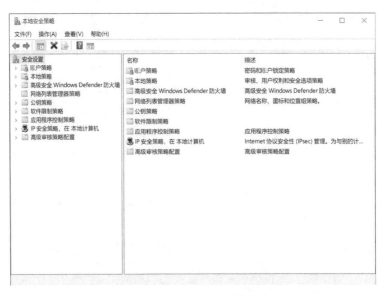

图 2-28　本地安全策略

下面以本地安全策略的部分功能为例，介绍其操作方法。

1. 账户策略

用户账户使用密码对访问者进行身份验证，密码是区分大小写的各种字符的组合，包括小写字母、大写字母、数字及符号等，这样设置的密码难以被破解。"账户策略"包括"密码策略"和"账户锁定策略"。其中，"密码策略"可以设置密码的安全特性，包括"密码必须符合复杂性要求"确定密码是否符合复杂性要求，"密码长度最小值"确定密码中应包含字符的最小数目，"密码最短使用期限"确定用户使用一个密码必须过多长时间后才可以更改密码，"密码最长使用期限"确定用户使用密码多长时间后就必须更改密码，"强制密码历史"确定与某个用户账户相关的唯一新密码的数量，"用可还原的加密来储存密码"确定操作系统是否使用可还原的加密来储存密码。"账户锁定策略"设置账户锁定控制是否处于活动状态的特性，"账户锁定时间"确定锁定账户在自动解锁之前保持锁定的分钟数，"账户锁定阈值"确定导致用户账户被锁定的登录尝试失败的次数，"重置账户锁定计数器"确定在某次登录尝试失败之后将登录尝试失败计数器重置为 0 次。

2. 审核策略

Windows10 提供了广泛的安全审核功能。例如，"审核登录事件"确定操作系统是否对每个尝试登录此计算机的用户进行审核；"审核对象访问"确定当对象已指定系统访问控制列表是否要审核用户访问诸如文件、文件夹、注册表项、打印机等对象事件；"审核策略更改"确定是否要审核用户权限分配策略；"审核账户管理"确定是否要审核设备上的账户管理的每个事件；"审核目录服务访问"确定是否要审核用户访问 Active Directory 对象事件。管理员可以指定仅审核成功、仅审核失败、同时审核成功和失败、根本不审核这些事件。此外，还包括"审核账户登录事件""审核系统事件""审核特权使用""审核进程跟踪"等内容及如下安全策略：

"用户权限分配"，指定设备上具有登录权限或特权的用户或组的设置；"安全选项"，指定计算机的安全设置，如管理员和用户账户名称、对软盘驱动器和 CD-ROM 驱动器的访问权限、驱动程序的安装、登录提示等；"高级安全Windows 防火墙"，指定通过使用状态防火墙来保护网络设备的设置；"网络列表管理器策略"，指定可用于配置网络如何在一台或多台设备上列出和显示许多不同方面的设置；"公钥策略"，指定用于控制加密文件系统、数据保护、BitLocker驱动器加密的设置以及某些证书路径和服务设置；"软件限制策略"，指定用于标识软件并控制其在本地设备、组织单位、域或站点上运行能力的设置；"应用程序控制策略"，指定用于控制用户或组可以根据文件的唯一标识运行特定应用程序的设置；"本地计算机上的 IP 安全策略"，指定通过使用加密的安全服务来确保在 IP 网络上进行专用安全通信的设置；"高级审核策略配置"，指定设备上控制在安全日志中记录安全事件的设置。

## （四）Windows 操作系统防火墙配置

防火墙是用户计算机与 Internet、用户计算机与本地网络、两个不同的本地网络之间以及本地网络与 Internet 之间的一道安全屏障。防火墙分为软件防火墙和硬件防火墙 2 种，Windows10 操作系统防火墙属于软件防火墙。防火墙基于安全策略进行工作。安全策略会根据用户制定的一组规则，对来自本地网络或Internet 中的信息进行检查。所有不符合规则的信息都将被阻止在防火墙外，防止用户计算机或本地网络受到来自外界网络的攻击或恶意软件的入侵。

启用和关闭防火墙的操作方法是选择"开始"→"控制面板"→"系统和安全"→"Windows Defender 防火墙"，如图 2-29 所示。

图 2-29　Windows Defender 防火墙

单击左侧的"更改通知设置"或"启用或关闭 Windows Defender 防火墙"，进行通知设置及防火墙的关闭和打开设置。Windows10 操作系统防火墙默认为自动启用。用户可根据实际需要手动取消通知设置及启用或关闭 Windows Defender 防火墙，如图 2-30 所示。

图 2-30　启用或关闭 Windows Defender 防火墙

单击左侧的"还原默认值"，进行 Windows Defender 防火墙还原设置。Windows Defender 防火墙设置以后，某些程序无法正常与 Internet 通信，可以尝试通过恢复 Windows Defender 防火墙的默认值来解决问题。

单击左侧的"高级设置"，进行程序的出站、入站连接的更多控制。用户可以分别为不同的程序设置出站、入站连接，创建相应的出站、入站规则。在"高级设置"中可以临时禁止某个程序的出站规则，还可以根据不同需要随时修改出站、入站的规则，进行出站规则、入站规则、连接安全规则、监视等防火墙高级设置，如图 2-31 所示。出站规则与入站规则的设置方法基本相似。

（五）Windows 操作系统文件安全

文件系统是操作系统用于明确存储设备或存储分区上文件的方法和数据结

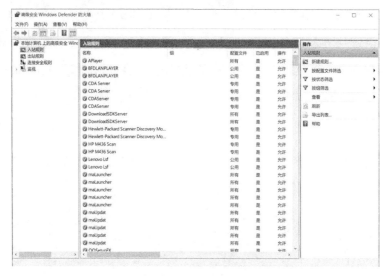

图 2-31　防火墙高级设置

构，即在存储设备上组织文件的方法。操作系统中负责管理和存储文件信息的软件称为文件管理系统，简称文件系统。从系统角度来看，文件系统是对文件存储设备的空间进行组织和分配、负责文件存储并对存入的文件进行保护和检索的系统。具体地说，它负责为用户建立文件，存入、读出、修改、转储文件，当用户不再使用时撤销文件等。

1. 文件系统格式

文件系统格式是指存储文件的磁盘或分区的文件系统种类。Windows 系列操作系统的常用分区格式有 FAT 和 NTFS 两种形式。在 Windows10 操作系统中可以启动新的 ReFS 弹性文件系统格式。

2. NTFS 文件及文件夹权限

资源是对操作系统中不同类型对象的统称，具体包括文件、文件夹、打印机、系统服务和注册表等。文件和文件夹是用户最常访问和处理的资源类型，权限配置是保护文件和文件夹的安全方法之一。其中，NTFS 文件系统提供了为文件资源设置权限的功能，可以为文件和文件夹设置权限，审核文件和文件夹的访问，可以控制用户访问资源的权限。

Windows 操作系统的权限分为基本权限和高级权限两大类。无论设置基本权限还是高级权限，负责设置权限的用户必须是其设置权限的文件或文件夹的所有者或已被所有者授予执行该操作权限的用户。

设置文件和文件夹权限的操作方法是右击该文件或文件夹，然后在弹出的快捷菜单中选择"属性"命令，打开文件或文件夹的属性对话框，切换到"安全"选项卡，可以看到"组或用户名"列表中列出了针对当前文件和文件夹设置权限的用户或用户组。

选择一个用户或用户组后，在下方的列表框中显示该用户或用户组对当前文件或文件夹所拥有的权限。设置基本权限要单击"编辑"按钮。用户在文件或文件夹的权限列表中依据实际需要，在权限列表当中选择所需要的基本权限。

设置高级权限要单击"高级"按钮，用户选择用户或用户组后，再单击"添加"按钮。选择主体，在"高级权限"列表中，依据实际需要选择高级权限。

3.加密文件或文件夹

加密是通过对内容进行编码来增强文件安全性的一种保护方式，Windows10操作系统提供了 EFS（加密文件系统）功能。文件或文件夹使用 EFS 加密后，用户操作加密和解密过程非常简单，使用加密前后的文件和文件夹不会有区别。授权用户在访问加密文件或文件夹时，不需要手动对其进行解密，可以直接使用。当其他用户要访问 EFS 加密的文件或文件夹时，需具有加密文件或文件夹的 EFS 证件和密钥才能访问，否则系统将会拒绝这些用户的访问。EFS 加密的是文件夹，但加密效果最终会作用在文件夹中的文件。进行 EFS 加密的文件或文件夹所在的磁盘分区必须是 NTFS 文件系统。

另外，文件和文件夹启用 EFS 加密后，用户无须担心将加密后的文件和文件夹移动到计算机的其他位置或外部存储设备时文件的加密会失效。其他用户在进行移动或复制时，系统会禁止用户进行非授权的移动或复制操作。

使用 EFS 功能加密文件或文件夹时，Windows10 操作系统首先会针对当前用户自动生成一对由公钥和私钥组成的密钥，然后生成 FEK（文件加密密钥）。使用 FEK 和加密算法对要加密的文件进行加密，再使用系统用户的公钥加密 FEK，删除 FEK 及原始文件或文件夹；用户解密 EFS 加密的文件时，系统用户使用私钥解密文件。

使用 FEK 和解密算法解密文件或文件夹的具体操作是右击要加密的文件或文件夹，在弹出的快捷菜单中执行"属性"命令，在"常规"选项卡中单击"属性"进入"高级属性"界面，勾选"加密内容以便保护数据"复选框，如图 2-32 所示。

图 2-32　使用 FEK 和解密算法解密文件或文件夹

EFS 证书和密钥是用于访问加密文件的凭据。Windows10 提供了多种备份 EFS 证书和密钥的方法，可以使用证书导出向导、使用管理文件加密证书向导或使用证书管理器来备份 EFS 证书。

4. BitLocker 加密系统硬盘

EFS 加密文件系统只能对文件或文件夹进行加密，一旦计算机丢失或被盗，硬盘驱动器存储的数据将会很容易受到非法访问、泄露或破坏。可以使用 BitLocker 驱动器加密技术对硬盘驱动器中指定的磁盘分区及 USB 移动存储设备进行全盘加密，加密后将作用于指定磁盘分区或设备中的所有文件和文件夹。Windows10 提供了 BitLocker 和 BitLocker To Go 两种功能，可以对计算机系统的硬盘存储设备进行加密，即使 BitLocker 加密后的硬盘存储设备被人盗取，也无法获取其中的数据文件。

（1）对非系统分区启动 BitLocker 加密

一般用户都将文件或文件夹建立在非系统分区的磁盘驱动器，对这样的分区启动 BitLocker 加密的方法是在"文件资源管理器"中，右击要启用 BitLocker 加密的非系统分区，在弹出的快捷菜单中执行"启用 BitLocker"命令，打开的对话框如图 2-33 所示。

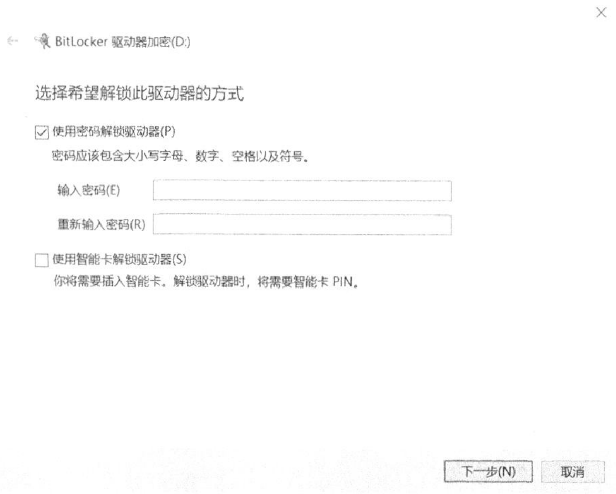

图 2-33　对非系统分区启动 BitLocker 加密

在图 2-33 所示的对话框中可以选择"使用密码解锁驱动器"或"使用智能卡解锁驱动器"两种方式，再保存用于恢复 BitLocker 加密时使用的密钥。将密钥存储在安全的位置后进行硬盘驱动器的加密。一般非系统分区 BitLocker 加密后，在文件资源管理器中，可以看到经过加密的非系统分区图标上有一个锁头的标记。当用户不需要启用 BitLocker 加密的非系统分区时，可以在文件资源管理器中进入"管理 BitLocker"，关闭 BitLocker 加密驱动器的功能。

（2）对 USB 移动存储设备启动加密

USB 移动存储设备具有小巧、方便等特点。但 USB 移动存储设备更容易丢失，其中存储的数据也更容易泄露。Windows10 中的 BitLocker To Go 技术可对 USB 移动存储设备进行全盘加密，从而有效地保护 USB 移动存储设备中数据的安全。

BitLocker To Go 技术只适用于 USB 移动存储设备加密。对 USB 移动存储设备进行加密时，要设置密码和恢复密钥，以后每次访问加密后的 USB 移动存储设备时都需要输入密码。如果忘记密码，则需要提供恢复密码进行解密。

将待加密的 USB 移动存储设备连接到计算机的 USB 接口，右击 USB 移动存储设备驱动器图标，在弹出的快捷菜单中执行"启用 BitLocker"命令；也可以在"控制面板"窗口中单击"系统和安全"，再单击"BitLocker 驱动器加密"，选择要加密的 USB 移动存储设备后，在展开的列表中选择"启用 BitLocker"。注意在加密的过程中，不要断开 USB 移动存储设备与计算机的连接，否则会损坏 USB 移动存储设备。

经过 BitLocker To Go 加密的 USB 移动存储设备会在驱动器图标显示锁头标记。如果显示锁头标记为打开，表示当前处于解锁状态；如果显示锁头标记为关闭，表示当前处于锁定状态。解锁 BitLocker To Go 加密的 USB 移动存储设备的方法是在资源管理器中双击处于锁定状态的 USB 移动存储设备驱动器，在打开的界面中输入加密时设置的密码即可。

5. 文件的云存储应用

文件备份与恢复也是保护文件数据安全的重要方法之一。伴随着文件数据量的加大，用户实现本地数据备份成为影响系统性能的重要因素，操作系统通过对网络资源文件的管理和以云计算和大数据为依托的云存储功能，为文件数据备份提供了很好的支撑。云存储是指通过集群应用、网格技术或分布式文件系统等功能，使网络中各种不同类型的存储设备通过应用软件集合起来协同工作，共同对外提供数据存储和业务访问功能，保证数据的安全性，节约存储空间。云存储是将储存资源放到云服务器上供用户存取的一种新兴方案，用户可以在任何时间、任何地方通过任何网络设备连接到云服务器存取数据。

Windows10 系统中自带的 OneDrive 功能可以提供云存储服务，为文件数据备份提供了良好的支持，该功能分为网页版和桌面版两种，其中网页版的只要正常使用网页浏览器就可以访问，而桌面版则是集成在 Windows10 操作系统中的。

使用 OneDrive 功能必须有一个 Microsoft 账户，使用这个账户登录，用户可以通过在 OneDrive 创建文件夹、将文件上传到指定的存储路径、设置 OneDrive

资源文件共享等多种功能，完成重要文件或文件夹资源的安全管理。

## 第九节　移动互联网应用技术

　　移动互联网使得人们可以通过随身携带的智能手机、平板电脑等移动终端随时随地在移动状态下接入互联网，不受线缆束缚，自由自在地享受由互联网带来的各类服务。

　　移动互联网是当前信息技术领域的一个热门话题，以"无处不在的网络，无所不能的业务"改变着人们的生活和工作方式。移动互联网作为一项应用技术，在用户数量和应用范围上已远远超出人们的预期，目前正以难以预测的速度和应用方式向前发展。

　　从技术角度和学科分类而言，移动互联网是一个多学科交叉、涵盖范围广泛的研究和应用领域，同时涉及互联网、移动通信、无线网络、嵌入式系统等技术。根据目前的研究现状，从体系结构上可将移动互联网分为 3 个不同层次，而且每层都包含相关的安全及隐私保护等问题，如图 2-34 所示。

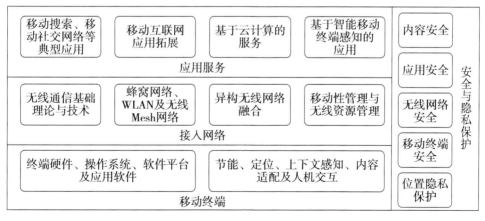

图 2-34　移动互联网的不同层次

目前，我国的手机等移动终端多采用 Android 和 iOS 智能操作系统。采用智能操作系统的移动手机，除了具备通话和短信等传统手机的功能，还具有网络扫描、节能控制、接口选择、蓝牙接口、后台处理、位置感知（定位）等功能。这些功能使智能手机在社交网络、环境监控、交通管理、医疗卫生等领域得到越来越多的应用。

网络的核心是应用，网络中其他技术都是为应用而服务的。目前，主要的应用服务包括移动搜索、移动社交网络、移动电子商务、基于智能手机的定位服务等。

## 一、移动互联网的安全问题

作为互联网的衍生物，移动互联网不仅要解决已存在的安全问题，还要主动发现和处理各类安全威胁，攻击与防范之间的较量在移动互联网中显得尤为突出。移动互联网在移动终端、接入网络、应用服务、安全与隐私保护等方面面临着一系列的挑战，安全问题日益加剧。其面对的安全问题可以归类为智能终端、接入网络和应用服务等方面。

任何一项新应用的出现，都会伴随新安全问题的产生。移动互联网不仅要解决传统互联网中存在的安全问题，还要面对新环境中出现的新安全问题。对于任何一种网络类型或应用来说，如果安全问题解决不好，都必然会影响甚至是阻碍其应用的发展。在图 2-34 所示的移动互联网体系结构中，每个层次都会涉及安全问题，而且任何一个安全问题的出现，都会影响到整个移动互联网的应用。

下面以 Android 系统的手机应用为基础，对 Android 操作系统及 App 的主要安全问题进行介绍。

### （一）登录安全

当用户通过手机等终端进行网络支付等操作时，首先要进行登录。在登录过程中，系统要求用户输入账号名称、密码以及身份证号码等信息。之后再由客户端软件与服务器端进行通信，完成用户的上网行为。在这一过程中，一旦用户的登录过程被攻击者监视或劫持，通信数据被截获或破解，将会产生严重的安全问题。根据对各类安全事件的综合分析，目前较为严重的安全隐患是由加密机制引起的安全问题和由服务器证书验证产生的安全问题。

1. 加密机制的安全问题

加密机制存在的安全问题是指因加密算法或方法不完整或过于简单，而被攻击者劫持和破解产生的安全问题。数据加密是信息安全中采用最为广泛的一种方法，也是其他安全技术的基础和保障。目前，银行客户端等安全应用的登录加密机制一般采用 HTTPS 和"HTTP+ 数据加密"两种方式。其中，大部分安全客户端采用 HTTPS 加密机制，但也有部分安全客户端采用"HTTP+ 数据加密"机制。在"HTTP+ 数据加密"机制中，如果数据加密机制不完整或过于简单，就会存在安全风险。

2. 服务器证书验证安全问题

服务器证书验证存在的安全问题是，当客户端登录服务器时，在通信过程中不对服务器端身份的合法性进行验证，会导致登录过程容易被攻击或劫持。针对服务器登录过程存在的安全威胁，有效的解决办法是采用相对完善的 HTTPS 安全机制。

（二）软键盘输入安全

软键盘是通过软件模拟传统计算机键盘的功能，通过鼠标单击或手指按压输入字符的一种软件。软键盘可以防止木马记录键盘输入的敏感信息，原来多用于银行网站上要求用户输入账号和密码的地方，现在大部分的移动终端设备提供了软键盘功能。其实，Windows 操作系统早已提供了软键盘程序 Osk.exe，如图 2-35 所示，具体位于 C : \Windows\system32 目录下。

图 2-35 软键盘

**1. 软键盘输入方式**

由于台式计算机上通过强制用户安装安全插件后才能显示输入框这一安全保护措施，手机等智能移动终端设备在客户端软件的信息输入框处定制了自己的输入方式，即通过软键盘输入来防止恶意输入法等应用软件窃取用户信息。

移动终端上采取的软键盘一般分为 3 种类型：系统默认输入法、自绘固定软键盘和自绘随机软键盘。其中，系统默认输入法安全性最差，而自绘随机软键盘的安全性最好。

**2. 软键盘输入的安全**

对于网上银行等安全要求高的客户端，在使用输入法时建议采用自绘随机软键盘方式。在移动终端客户端输入过程中，很多人习惯使用与传统键盘相同的软键盘输入方式，而不太喜欢字符分布没有规律的自绘随机软键盘方式，甚至认为很麻烦，产生抵触情绪，对于有这种想法的用户，必须强调这样一个事实：安全与便利往往是成反比的。

需要说明的是，在信息领域没有绝对的安全，输入法也是这样。虽然自绘随机软键盘大大提高了输入法的安全性和被攻击的难度，但如果攻击者针对某个（如某网上银行）客户端软件事先植入了恶意代码，同样能够窃取到用户输入的信息。

**（三）盗版程序带来的安全问题**

大量的免费下载网站为用户下载各类应用软件提供了便利。但是，部分网站对上传的应用软件审核不严，使许多带有恶意代码的软件被上传并通过网站传播，为用户使用安全带来极大威胁。

盗版程序利用操作系统的漏洞，通过在程序中隐藏木马代码，达到篡改原始客户端软件的执行流程、截获用户的账号信息和隐私信息等目的。经过二次打包后的应用软件，其界面和操作与原软件几乎没有区别，普通用户几乎无法感知隐藏的威胁。

## 二、移动互联网的安全防范

（一）移动互联网的联网用户需要注意的安全防范问题

### 1. 杜绝蹭网行为

用户经常会接触到公用的免费 Wi-Fi，如机场、酒店、商场等提供的免费 Wi-Fi。免费 Wi-Fi 虽然快捷、方便，但也存在很多安全隐患，为保障个人信息安全，最好不要随意使用公共场所的免费 Wi-Fi，尤其不要使用来源不明的 Wi-Fi。此外，也不要使用帮助用户蹭网的 App。

### 2. 警惕重名或名称相近的 Wi-Fi

发现多个重名或者名称相近的 Wi-Fi 时，要格外警惕。不法分子会在大家爱蹭网的地方架设一个名称相同或相近的 Wi-Fi，用户可能连接到不法分子的 Wi-Fi，导致个人信息泄露。如果必须使用公用的 Wi-Fi，可以向公共场所的工作人员咨询，确认无线网络名称及密码后方可加入。

### 3. 尽可能使用手机流量进行重要操作

如果无法确定 Wi-Fi 是否安全，在进行重要操作如手机支付时，最好关闭 Wi-Fi，用手机的流量进行操作，以保障资金安全。

### 4. 使用专业安全软件测试网络环境

用户可以使用专业安全软件进行网络检测，避免误连钓鱼 Wi-Fi 而遭受经济损失。

## （二）App 的安全防范

防范二次打包的有效方法，主要有对 App 进行签名验证，以及对 App 进行加固处理。

### 1. 签名验证

在应用程序发布时，都会有个专门针对该款软件的数字签名，以此验证软件的具体身份信息，不同厂商软件的数字签名不同。由于数字签名是无法伪造的，因此，利用该特征就可以知道此款应用程序是否为正版软件。对于加入数字签名验证代码的软件，如果盗版者对其进行二次打包时没有去掉验证代码，则打包生成的盗版 App 在运行过程中就会自动报警，被安全软件识别。但如果盗版者具有较强的逆向分析水平，能够找到原 App 的数字签名代码并移除或屏蔽，就可以避免报警。为此，要较好地解决此问题，单纯从软件技术上是无法实现的，目前最有效的办法仍然是采用验证技术，将安全性寄托在数字签名的证书管理上，通常可通过信誉度高的可信第三方（如知名 App 安全软件商）对 App 进行数字签名验证。

### 2. 加固处理

应用加固是近年来兴起的一种反盗版、防篡改技术，其基本方法是先将正版应用程序进行反汇编，之后对程序的汇编代码进行加密和混淆处理，再进行重新编译打包生成应用程序，同时由正版作者对经过加固处理的应用程序进行重新签名。经过加固处理的应用程序，虽然理论上仍然可以进行反汇编，但代码的可读性将大大降低，相应地，盗版者对程序进行逆向分析的难度也大大增加，使得盗版者通常难以在原有代码中植入恶意代码，从而可以有效地阻止应用程序被二次打包和篡改。

## （三）认证安全

认证即验证用户身份信息的合法性。认证系统或认证方式决定着认证的安全性和认证效率。

由于传统单因子认证存在安全风险，目前很多网络账号管理系统通常采用双因子认证甚至是多因子认证方式。在网络账户管理系统中，双因子认证中的个体认证信息通常是由用户自己掌握的，一般为账号对应的密码。而另一个认证信息是由双因子认证系统（认证服务器）提供的，如验证邮件、手机验证码、动态电子令牌或 U 盾等。为此，双因子认证的安全性也取决于两个认证信息之间的相互独立性。越是相互之间独立的信息，越不容易被攻击者在限制的时间内同时截获。这里的独立性既包括认证信息内容的相互独立，也包括认证信息传输途径或传输介质之间的相互独立。例如，当用户在计算机上进行网上银行支付时，虽然由用户直接输入账户密码，但验证码却发送到该账户注册者的手机，这就增加了攻击者获取验证码的难度。

目前，解决像网上银行等重要应用中的伪双因子认证中存在的安全问题，主要采取以下 3 种防范方法。

（1）新技术的应用。通过对新技术的应用，将伪双因子认证改造成真正意义上的双因子认证。目前，市场上已经出现了一些专门针对手机银行等重要应用的双因子认证解决方案，如音频盾、蓝牙盾、电子密码器等。以工商银行提供的音频盾为例，它可以通过与手机上的音频口（耳机接口）相连，用于手机银行的数字签名和数字认证，对交易过程中的保密性、真实性、完整性和不可否认性提供安全保障。蓝牙盾的工作原理类似于音频盾，只不过是通过手机上的蓝牙接口进行连接的；而电子密码器则与传统的动态电子令牌相似，它与手机银行客户端配合使用。

（2）权限管理。如果能够采取技术措施，使客户端软件能够早于木马程序获得短信并将短信内容直接展示给用户，就可以避免木马劫持信息事件的发生。目前，最常采用的是类似于 Windows 操作系统"兼容模式"的 App Hook 技术。通过 App Hook 技术，可以提升客户端接收短信软件的权限，以保证短信在以广播形式分发给木马程序之前被拦截，终止短信的分发。

从目前的应用来看，这种方式也存在一些局限性。针对以上问题，从 Android 4.4 版本开始就将短信接收广播方式改为无序广播，同时对应用程序删除短信的权限进行了更严格的限制。这种安全机制的改进降低了木马程序优先获取信息阅读权限的能力，同时使木马程序失去了销毁短信的能力。

（3）短信加密认证。在无法确保验证短信不会被恶意程序窃取的情况下，对短信内容进行加密。这种看似传统的方法，却成为一种有效的解决方案。短信加密认证，就是由认证服务器厂商对发送到用户手机的短信进行加密，用户手机在接收到短信后，再通过手机客户端中的安全模块对接收到的加密短信进行解密操作，最后得到短信明文的过程。在这种安全机制中，由于手机收到的验证短信为密文，即使被木马程序截取也无法直接获取有效信息。更客观地讲，即便是恶意程序对加密验证码进行了暴力破解，此过程所需要的时间也超过了该验证短信的实际有效期，这样可以从根本上解决 Android 系统短信验证码泄露的问题。

（四）安全防范方法

与个人计算机中对恶意程序的定义类似，移动终端中的恶意程序也通常是指带有攻击意图的一段程序，主要包括陷门、逻辑炸弹、特洛伊木马、蠕虫等。

对于以上恶意程序存在的风险，可以从以下几个方面加强安全管理。

（1）不随意单击不明链接。由于绝大多数木马程序是通过 QQ 或微信等方式来发送链接的，在收到不明链接时，一定要验证发送者信息的真实性。

（2）平时养成关闭 Wi-Fi 或蓝牙的习惯。一方面，防止黑客在公共场所通过 Wi-Fi 或蓝牙对手机进行攻击并窃取信息；另一方面，可有效节约电能，并可以预防黑客通过 Wi-Fi 实施定位。

（3）及时备份手机等移动终端中的数据。尤其是一些敏感数据，以防止手机因被攻击导致无法正常工作，不至于丢失全部数据。

（4）从运营商、专业供应商或信誉度高的手机应用商店处更新软件固件，避免到一些不明身份的第三方站点下载和安装固件。

（5）为手机设置流量提醒功能，避免因手机不幸感染病毒或恶意软件后台偷偷联网造成流量消耗。

（6）不要随意用手机扫二维码，二维码已经成为恶意程序新的传播途径。

（五）网络欺诈的防范

网络欺诈是指通过使用网络进行的各种欺诈行为。其目的是通过现代信息网络并以欺骗手段非法获取用户名、密码、银行卡号、身份证号码、手机号码、邮箱地址、家庭地址等信息，进而用于非法活动。网络欺诈行为的发生数量每年都在增长，产生的社会危害很大，尤其是随着移动互联网的广泛应用，网络欺诈方式不断更新，影响范围不断扩大，受害人数不断增长。

木马病毒和钓鱼网站是目前网络欺诈的常用工具和方法，由网络欺诈而导致的经济损失每年达到几十亿元。国内专业网络安全机构的统计结果显示，目前主要的网络欺诈形式有网络兼职、虚假购物、网络游戏、账号盗窃、话费充值、网上博彩、网购木马、视频交友和虚假中奖等。网络欺诈的传播方式主要有搜索引擎、即时通信、游戏平台、短信等，特别是不法分子通过 QQ 发送钓鱼网站或欺诈链接，以诱骗受害者上当。

下面介绍一些防范方法。

网络游戏钓鱼欺诈的实现通常由 3 个环节组成：制作钓鱼网站、提升在特定搜索引擎中的排名和在游戏平台发送诈骗信息。其中，最为关键的 1 个环节是通过 SEO（搜索引擎优化）或参与竞价，把钓鱼网站排到指定搜索引擎的首条，以增加搜索结果的可信度和被单击的可能性。为此，防止此类诈骗的主要方法是分别到多个搜索引擎中去查找，如果被查询信息仅仅在指定的搜索引擎中排在首位，而在其他搜索引擎中却查不到或排名靠后，则可以怀疑为虚假信息。

对于网络退款骗局，可通过以下方法防范。

（1）在网购过程中，凡是借助 QQ 等第三方即时通信平台进行沟通的商家一般都存在安全风险。因为目前知名的网店都具有独立完善的客户在线交流工具，通常不需要借助 QQ 等第三方即时通信平台来完成。

（2）如果遇到由卖家通过 QQ 或邮件等方式主动发送来的链接，并称要求补办小额运费险、邮费时，一定要通过官方联系方式进行确认，不能轻信。

（3）一旦遇到需要填写银行账号、密码、身份证号码等个人信息时，对网站的真实性一定要进行严格的审查和确认。必要时，也可以使用一些安全验证工具对网站的真实性进行辨认。

## 三、互联网商务安全

随着电子商务以及网上银行被广泛作为金融交易手段，网络经济犯罪活动越来越猖獗，保证网络安全变得越来越重要。互联网商务安全已成为影响用户参与互联网商务活动、阻碍我国互联网商务健康发展的关键问题之一。由于电子商务的形式多种多样，涉及的安全问题各不相同，但在 Internet 上的电子商务交易过程中，最核心和最关键的问题就是交易的安全性。

网络购物，简称"网购"，是互联网、银行、现代物流业发展的产物，它是指通过 Internet 的购物网站购买需要的商品或者服务。随着我国科技的迅速发展，网络购物成为生活中人们购物的主要方式之一。

（一）网络购物的账号安全

下面以淘宝网的购物账号（iOS 系统）为例说明其安全设置过程。

进入淘宝网主页，注册登录淘宝网账号以后，在用户自己的账号下选择"账号管理"→"安全设置"，对用户的安全服务包括身份认证、登录密码、密保问题、绑定手机几个方面，如图 2-36 所示。

此外，在淘宝网的"账号管理"里，还可以进行支付宝绑定设置、微博绑定设置、网站提醒、应用授权等方面的配置，从不同角度增加账号的管理安全。

如果在手机上安装淘宝网的客户端，在打开淘宝客户端时，单击右下角的"我的淘宝"，选择"设置"，进入"账号与安全"，如图 2-37 所示。

其中，修改登录密码、内置安全密码、支付宝账号、安全中心、账号日志等功能都涉及网络购物账号的安全保护。用户可依据需要进行账号保护，采取如声纹密保、扫脸等方法。

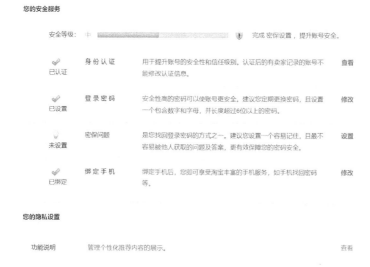

图 2-36　淘宝账号管理中的安全设置界面

图 2-37　手机客户端淘宝账号与安全界面

（二）网络支付安全

网络支付是指电子交易的当事人（包括消费者、商家和金融机构），使用安全电子支付手段通过网络进行的货币支付或资金流转。网络支付是采用先进的技术通过数字流转来完成信息传输的。相对于传统现金支付，网络支付过程中的买卖双方并不直接照面，这在一定程度上也令网络支付存在着风险隐患。越来越多的网络支付安全问题随之而出，如个人信息泄露、网购中的各种纠纷等，网络支付安全问题是目前急需解决的问题。此外，用户在日常使用网络支付过程中，也需要通过安全防范措施预防各类风险。

用户在使用支付宝支付时，可从以下几个方面做好安全设置。

（1）妥善保管好自己的账户和密码，在任何时候都不要向别人泄露。

（2）创建一个安全密码，支付宝有2个密码，分别是"登录密码"和"支付密码"。这2个密码需要分别设置，不要设置成同样的密码。这样即使泄露某一项密码，账户资金安全依然能够获得保障。密码最好是数字、字母以及特殊符号的组合，不要选择使用生日或昵称作为登录密码或支付密码。不要使用与其他的在线服务或网上银行相同的密码。在多个网站中使用相同的密码会增加其他人获取用户密码并访问账户的可能性。

（3）认真核实支付宝的网址。不要从来历不明的链接处访问网站。

（4）开通专业版网银进行付款。对于经常进行网上消费的用户，可去银行柜台办理网上银行专业版开通手续。在自己的上网终端安装网上银行数字证书，确保银行账户安全。

支付宝安全设置的具体步骤：登录支付宝个人页面后，选择"账户设置"→"安全设置"，打开"安全设置"界面，如图2-38所示。

登录密码：登录支付宝账户时需要输入的密码。支付宝要求用户设置的登录密码必须是8~12位英文字母、数字或符号，不能是纯数字或纯字母。用户应确保登录密码与支付密码不同。此外，定期更换登录密码可以让账户更加安全。

支付密码：在账号资金变动、修改账号信息时需要输入的密码。

安全保护问题：将作为重要的身份验证方式，要认真设置。

账户安全险：保障支付宝快捷支付，保障理财资金安全，保障支付宝账户因被盗导致的资金损失。

图 2-38　支付宝安全设置界面

设备锁：开启后，账号在同一时间只能在同一浏览器上登录。

此外，关于支付宝小额免密支付功能，用户可以设定一个额度，当付款金额小于该额度时，无须输入支付密码，尽量不要开启该功能。应用授权和代扣服务也尽量不授权第三方应用。

用户在使用微信支付时，可从以下几个方面做好安全设置。

1. 微信账户的安全设置

使用微信支付，首先要保证微信账号的安全。登录微信，选择右下角的"我"，在此界面，选择"设置"，在设置界面选择"账号与安全"，在设置界面可以设置微信号（一年只能修改一次）、手机号、微信密码、声音锁、应急联系人、登录过的设备、更多安全设置、微信安全中心等内容。

手机号：手机号绑定成功后，用户可以查看手机通讯录中有哪些好友在使用微信，并可以通过绑定手机号找回微信密码。

微信密码：用户应将密码设置为强度大的密码，并且不使用与微信支付密码相同或相近的密码。

应急联系人：用户为了方便找回密码，可以设置几个应急联系人，在找回密码的时候，会发送验证信息给他们。

登录设备管理：开启账号保护，在其他设备上登录用户微信号，必须要用手机验证码才能登录，这样可防止被盗号。

更多安全设置：可以绑定 QQ 号、邮箱地址。通过 QQ 或邮箱验证找回密码。

微信安全中心：有找回账号密码、解封账号、冻结账号、解冻账号、投诉维权、注销账号的功能。

2. 微信支付安全设置

登录微信，选择右下角的"我"→"服务"→"钱包"，在"钱包"界面下方偏右位置，选择"支付设置"。支付设置界面如图 2-39 所示。

图 2-39　支付设置界面

## 四、个人信息安全和隐私保护

随着互联网的高速发展，网络应用越来越普及，以 Web 2.0 技术为基础的博客、微博等新兴社交网络和互联网应用已经渐渐成为人们生活中不可或缺的一部分。然而，互联网引发的个人信息泄露问题日益凸显，个人信息安全与隐私保护逐渐受到关注和重视。保护个人信息安全，保障网络环境安全已经成为当今时代一项紧急的任务。

互联网隐私，比较集中体现在缓存和历史记录两个方面。对于缓存来讲，如果在医疗网站上查看某种疾病的诊断、治疗等方面的文章，由于信息被泄露，则可能会被他人猜测到健康状况。或者，如果在航空网站上的订票信息被他人获取的话，出行细节也由此被泄露。

在访问或者输入密码、用户名的时候，许多网站都会给系统装入 Cookies 以优化浏览体验，但它们也可能会成为泄露隐私的"第一杀手"。

防范措施：安全的做法是确保浏览器在掌握之中。实现这一目的有 2 种方法：让浏览器把缓存保存到个人安全的移动硬盘，或者使用第三方工具及时清除痕迹。

在 IE 浏览器中，只需简单 3 步即可完成这些操作：打开 Internet 选项面板，单击 Internet 临时文件夹里面的设置按钮，再点击移动文件夹到外接硬盘即可。清除缓存，建议使用 Eraser——一款免费软件，它可以安全删除浏览器中缓存文件和其他所有历史记录。

其实，这里涉及浏览器的安全防范问题。Web 浏览器通常用来显示万维网或局域网里的文字、图像及其他信息。互联网用户使用 Web 浏览器通过连接网址对 Web 服务器或其他网络资源进行访问，从而获取互联网各种信息。

Web 浏览器是经常使用到的客户端程序。常见的 Web 浏览器有 IE 浏览器、Mozilla Firefox、搜狗浏览器、360 浏览器、UC 浏览器、傲游浏览器等。

以下从几个方面介绍 IE 浏览器的防护技巧。

1. 提高 IE 浏览器的安全防护等级

通过设置 IE 浏览器的安全等级，可以防止用户打开含有病毒和木马程序的网页，保护计算机的安全。

设置 IE 浏览器安全等级的具体步骤如下。

①在 IE 浏览器中选择"更多工具"→"Internet 选项"，打开"Internet 属性"对话框；②选择"安全"选项卡，进入"安全"设置界面，选中 Internet 图标；③单击"自定义级别"按钮，打开"安全设置 -Internet 区域"对话框，在此对话

框中，单击"重置为"下拉箭头，在弹出的下拉列表中选择"高"选项，如图 2-40 所示；④单击"确定"按钮，即可将 IE 安全等级设置为"高"。

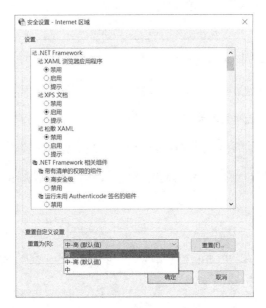

图 2-40　IE 浏览器安全等级设置

2.清除 IE 浏览器的上网历史记录

用户上网过程中浏览过的网站、查找过的内容等会被 IE 浏览器记录下来，这样会泄露用户的隐私信息，可以通过对 IE 浏览器的设置清除这些信息。

清除历史记录的具体步骤：在 IE 浏览器中选择"工具"→"Internet 选项"，打开"Internet 选项"对话框，选择"常规"选项卡，勾选"浏览历史记录"选项区域中的"退出时，删除浏览历史记录"复选框，便可以实现在退出浏览器时自动清除上网历史记录。

3.删除 Cookie 信息

用户在用浏览器上网时，经常涉及数据的交换，如登录邮箱或者登录一个页面。如果设置"30 天内记住我"或者"自动登录"，那么下次登录时可以自动登录，而不用输入用户名和密码，完成这一功能的就是 Cookie。Cookie 文件中记录了用户名、口令及其他敏感信息，在许多网站中，Cookie 信息是不加密的，这些敏感信息很容易被泄露。因此，在上网结束时应及时删除 Cookie 信息。

删除 Cookie 信息的具体步骤：在 IE 浏览器中选择"工具"→"Internet 选项"，在"Internet 属性"对话框中选择"常规"选项卡，在"浏览历史记录"选项区域中单击"删除"按钮。打开"删除浏览历史记录"对话框，勾选"Cookie"，单击"删除"按钮，即可清除 IE 浏览器中的 Cookie 文件，如图 2-41 所示。

图 2-41　删除 Cookie 信息

4.清除 IE 浏览器中的表单

表单在网页中主要负责数据采集，如采集访问者的名字和 E-mail 地址、调查表、留言簿等。浏览器的表单功能在一定程度上方便了用户，但也导致用户的数据信息有被窃取的风险。为了保护个人信息，从安全角度出发，应及时清除浏览器的表单，最好取消浏览器自动记录表单功能。

清除表单具体步骤是在 IE 浏览器中选择"工具"→"Internet 选项"→"内容"选项卡。在"自动完成"选项区域，单击"设置"按钮，打开"自动完成设置"对话框，取消勾选所有的复选框。

除了以上利用浏览器自身防护功能安全上网，还可以借助第三方软件保护浏览器的安全。

## 习题二

1. 简述漏洞的分类。

2. 简述网络攻击的类型。

3. 针对网络攻击有哪些防御手段?

4. 网络安全技术主要有哪些?

5. 如何做好病毒的预防、检测和清除?

6. 如何为数据加密?如何保存和应用密码?

7. 简述数字签名及其作用。

8. 如何完成安全策略配置防火墙?

9. 如何进行网络入侵的检测和防御?

10. 简述无线局域网的安全防范策略。

11. 系统漏洞有哪些?如何进行系统漏洞修复?

12. 网络攻击有哪些?如何进行有效防御?

13. 如何保障计算机操作系统安全?

14. 网络支付安全要注意哪些方面?

15. 如何保障个人信息安全,做好隐私保护?

# 第三章　网络协议安全

网络协议是指网络中传递、管理信息的一些规范，即计算机之间相互通信需要共同遵守的规则，为计算机网络中进行数据交换而建立的标准或约定的集合。比如，浏览网页，就需要 HTTP 协议；文件共享，就需要 SMB 协议；输入的网址要到达相关的网站服务器，则需要 DNS 解析协议等。

例如，网络中一个计算机用户和一个大型主机的操作员进行通信，由于这 2 个数据终端所用字符集不同，因此所输入的命令彼此不认识。为了能进行通信，规定每个终端都要将各自字符集中的字符先变换为标准字符集的字符后，才进入网络传送，到达目的终端之后，再变换为该终端字符集的字符。当然，对于不相容的终端，除了需变换字符集字符，其他特性如显示格式、行长、行数、屏幕滚动方式等也需作相应的变换。

网络协议是由 3 个要素组成：

（1）语义：语义是解释控制信息每个部分的意义。它规定了需要发出何种控制信息，以及完成的动作与做出什么样的响应。

（2）语法：语法是用户数据与控制信息的结构与格式，以及数据出现的顺序。

（3）时序：时序是对事件发生顺序的详细说明。（也可称为"同步"）

人们形象地把这 3 个要素描述为语义表示要做什么，语法表示要怎么做，时序表示做的顺序。

# 第一节　网络协议分析

为了使不同计算机厂家生产的计算机能够相互通信，以便在更大的范围内建立计算机网络，国际标准化组织（ISO）在 1978 年提出了"开放系统互联参考模型"，即著名的 OSI/RM 模型。它将计算机网络体系结构的通信协议划分为 7 层，如表 3-1 和图 3-1 所示。

表 3-1　OSI/RM 模型

| 层次 | 名称 | 功能 |
| --- | --- | --- |
| 1 | 物理层 | 实现计算机系统与网络间的物理连接 |
| 2 | 数据链路层 | 进行数据打包与解包，形成信息帧 |
| 3 | 网络层 | 提供数据通过的路由 |
| 4 | 传输层 | 提供传输顺序信息与响应 |
| 5 | 会话层 | 建立和中止连接 |
| 6 | 表示层 | 数据转换、确认数据格式 |
| 7 | 应用层 | 提供用户程序接口 |

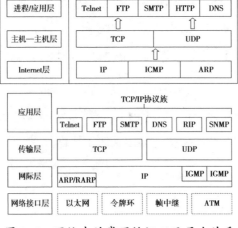

图 3-1　网络中的常用协议以及层次关系

网络协议的层次结构如下：

• 结构中的每一层都有明确规定的服务及接口标准。

• 把用户的应用程序作为最高层。

• 除了最高层，中间的每一层都向上一层提供服务，同时又是下一层的用户。

• 把物理通信线路作为最低层，它使用从最高层传送来的参数，是提供服务的基础。

现在假设在客户端浏览器中输入 http : //www.baidu.com，而 baidu.com 为要访问的服务器，下面详细分析客户端为了访问服务器而执行的一系列关于协议的操作。

（1）客户端浏览器通过 DNS 解析到 www.baidu.com 的 IP 地址，通过这个 IP 地址找到客户端到服务器的路径。客户端浏览器发起一个 HTTP 会话，然后通过 TCP 进行数据包封装，输入网络层。

（2）在客户端的传输层，把 HTTP 会话请求分成报文段、添加源和目的端口。如果服务器使用 80 端口监听客户端的请求，客户端由系统随机选择一个端口，如选择 5000 端口与服务器进行交换，服务器把相应的请求返回给客户端的 5000 端口，然后使用 IP 层的 IP 地址查找目的端。

（3）客户端的网络层不用关心应用层或者传输层的东西，主要是通过查找路由表确定如何到达服务器，其间可能经过多个路由器，这些都是由路由器来完成的工作。

（4）客户端的链路层，包通过链路层发送到路由器，通过邻居协议查找给定 IP 地址的 MAC 地址，然后发送 ARP 请求查找目的地址，如果得到回应后 IP 数据包就可以传输了，然后发送 IP 数据包到达服务器的地址。

下面对每个层次的网络协议做简单介绍。

（一）进程 / 应用层的协议

平时应用广泛的协议，这一层的每个协议都由客程序和服务程序 2 部分组成。程序通过服务器与客户机交互工作。常见协议有 Telnet、FTP、SMTP、HTTP、DNS 等。

应用层是 OSI 参考模型的最高层,解决的也是最高层次的问题,即程序应用过程中的问题,它直接面对用户的具体应用。应用层包含用户应用程序执行通信任务所需要的协议和功能,如电子邮件和文件传输等,在这一层,TCP/IP 协议中的 FTP、SMTP、POP 等协议得到了充分应用。

由于 HTTP 协议设计原则是无状态的,近年来出现了种种需求,其中 Cookie 就是为了解决 HTTP 协议无状态的缺陷所作出的努力;后来出现的 Session 机制则是又一种在客户端与服务器之间保持状态的解决方案。

SNMP(简单网络管理协议)的前身是简单网关监控协议(SGMP),用来对通信线路进行管理。随后,人们对 SGMP 进行了很大的修改,特别是加入了符合 Internet 定义的 SMI 和 MIB,改进后的协议就是著名的 SNMP。SNMP 的目标是管理众多厂家生产的软硬件平台,因此 SNMP 受 Internet 标准网络管理框架的影响也很大。现在 SNMP 已经出到第 3 个版本的协议,其功能较以前已经加强和改进了。

SNMP 的体系结构是围绕着以下 4 个概念和目标进行设计的:保持管理代理的软件成本尽可能低;最大限度地保持远程管理的功能,以便充分利用 Internet 的网络资源;体系结构必须有扩充的余地;保持 SNMP 的独立性,不依赖于具体的计算机、网关和网络传输协议。在后来的改进中,又加入了保证 SNMP 体系本身安全性的目标。

OSPF(开放式最短路径优先)是一个内部网关协议(IGP),用于在单一自治系统(AS)内决策路由。与 RIP 相对,OSPF 是链路状态路由协议,而 RIP 是距离向量路由协议。

RIP 是应用较早、使用较普遍的内部网关协议,适用于小型同类网络,是典型的距离向量协议。

RIP 通过广播 UDP 报文来交换路由信息,每 30 秒发送一次路由信息更新。RIP 提供跳跃计数作为尺度来衡量路由距离,跳跃计数是一个数据包到达目标所必须经过的路由器的数目。如果到相同目标有 2 个不等速或不同带宽的路由器，但跳跃计数相同，则 RIP 认为 2 个路由是等距离的。RIP 最多支持的跳数为 15，即在源和目的网间所要经过的最多路由器的数目为 15，跳数 16 表示不可达。

CSMA/CD 即载波监听多路访问 / 冲突检测方法。

## （二）主机—主机层协议

建立并且维护连接，用于保证主机间数据传输的安全性。这一层主要有 2 个协议：

TCP：传输控制协议；面向连接，可靠传输。建立连接需要 3 次握手，断开连接需要 4 次挥手。

UDP：用户数据报协议；面向无连接，不可靠传输。

## （三）Internet 层协议

负责数据的传输，在不同网络和系统间寻找路由，分段和重组数据报文，另外还有设备寻址。这层包括如下协议：

IP：Internet 协议，负责 TCP/IP 主机间提供数据报服务，进行数据封装并产生协议头，是 TCP 与 UDP 协议的基础。

ICMP：Internet 控制报文协议。ICMP 协议其实是 IP 协议的附属协议，IP 协议用它来与其他主机或路由器交换错误报文和其他网络情况，在 ICMP 协议中携带了控制信息和故障恢复信息。

Ping of Death 攻击特征：当收到数据包大于 65535 个字节时造成内存溢出，系统崩溃与重启。反攻击方法：当收到大于 65535 个字节的数据包时，丢弃数据包，并进行系统审计。

ARP：地址解析协议。在以太网中，网络设备之间互相通信是用 MAC 地址而不是 IP 地址，ARP 协议就是用来把 IP 地址转换为 MAC 地址。

ARP 欺骗分为 2 种：一种是对路由器 ARP 表的欺骗；另一种是对内网 PC 的网关欺骗。

防御 ARP 欺骗：在主机绑定网关 MAC 与 IP 地址为静态（默认为动态），命令：arp-s 网关 IP 网关 MAC；在网关绑定主机 MAC 与 IP 地址（最直接的解决方法）；使用 ARP 防火墙。

RARP：逆向地址解析协议。

（四）数据链路层

数据链路层主要的协议是以太网协议，是建立在物理传输能力的基础上，以帧为单位传输数据，每一数据帧分成报头和数据 2 部分，主要任务就是进行数据封装和建立数据链接。封装的数据信息中，地址段含有发送节点和接收节点的地址，控制段用来表示数据连接帧的类型，数据段包含实际要传输的数据，差错控制段用来检测传输中帧出现的错误。

数据链路层可使用的协议有 SLIP、PPP、X.25 和帧中继等。常见的集线器、Modem 之类的拨号设备和低档的交换机网络设备都是工作在这个层次上，工作在这个层次上的交换机俗称"第二层交换机"。

具体地讲，数据链路层的功能包括数据链路连接的建立与释放，构成数据链路数据单元，数据链路连接的分裂、定界与同步，顺序和流量控制以及差错的检测和恢复等方面。

网络层属于 OSI 中的较高层次了，从它的名字可以看出，它解决的是网络与网络之间的通信问题，而不是同一网段内部的事。网络层的主要功能是提供路由，即选择到达目标主机的最佳路径，并沿该路径传送数据包。除此之外，网络层还要能够消除网络拥挤，具有流量控制和拥挤控制的能力。网络边界中的路由器就工作在这个层次，现在较高档的交换机也可以直接工作在这个层次，因此它们也提供了路由功能，俗称"第三层交换机"。

网络层的功能包括建立和拆除网络连接、路径选择和中继、网络连接多路复用、分段和组块、服务选择和流量控制。

（五）传输层

传输层解决数据在网络之间传输质量问题，它属于较高层次。传输层提供可靠的端到端的数据传输，如 QoS 就是这一层的主要服务。这一层主要涉及网络传输协议，它提供一套网络数据传输标准，如 TCP 协议。

传输层的功能包括映像传输地址到网络地址、多路复用与分割、传输连接的建立与释放、分段与重新组装、组块与分块。

根据传输层所提供服务的主要性质，传输层服务可分为以下三大类：

A 类：此类网络连接具有可接受的差错率和可接受的故障通知率（网络连接断开和复位发生的比率），A 类服务是可靠的网络服务，一般指虚电路服务。

B 类：此类网络连接具有可接受的差错率和不可接受的故障通知率，B 类服务介于 A 类与 C 类之间，在广域网和互联网中多是提供 B 类服务。

C 类：此类网络连接具有不可接受的差错率，C 类服务的质量最差，提供数据报服务或无线电分组交换网均属此类。

网络服务质量的划分是以用户要求为依据。若用户要求比较高，则一个网络可能归于 C 类；反之，则一个网络可能归于 B 类甚至 A 类。例如，对于某个电子邮件系统来说，每周丢失一个分组的网络也许可算作 A 类；而同一个网络对银行系统来说则只能算作 C 类了。

传输层安全问题：LAND 攻击致使源 IP 和目标 IP 都是一个主机，然后循环造成死机，大量数据包使目标主机建立无效连接，系统资源被大量占用。检测方法：源 IP 和目标 IP 是否一致。反攻击方法：适当设置防火设备过滤路由器的过滤规则。

（六）会话层

会话层利用传输层来提供会话服务，会话可能是一个用户通过网络登录到一个主机，或一个正在建立的用于传输文件的会话。

会话层的功能主要有会话连接到传输连接的映射、数据传送、会话连接的恢复和释放、会话管理、令牌管理和活动管理。

（七）表示层

表示层用于数据管理的表示方式，如用于文本文件的 ASCII 和 EBCDIC，用于表示数字的 1S 或 2S 补码。如果通信双方用不同的数据表示方法，他们就不能互相理解。表示层就是用于解决这种不同之处。

表示层的功能主要有数据语法转换、语法表示、表示连接管理、数据加密和数据压缩。

## 第二节　网络安全协议

传统的网络服务程序，如 FTP、POP 和 Telnet 在本质上都是不安全的，因为它们在网络上用明文传送数据包，别有用心的人非常容易就可以截获这些数据包。而且，这些服务程序的安全验证方式也是有弱点的，很容易受到"中间人"方式的攻击。下面介绍几种网络安全协议。

### 一、网络认证协议 Kerberos

Kerberos 是一种网络认证协议，其设计目的是通过密钥系统为客户机 / 服务器应用程序提供强大的认证服务。该认证过程的实现不依赖于主机操作系统的认证，无须基于主机地址的信任，不要求网络上所有主机的物理安全，并假定网络上传送的数据包可以被任意地读取、修改。在以上情况下，Kerberos 作为一种可信任的第三方认证服务，是通过传统的密码技术（如共享密钥）执行认证服务的。

认证过程具体如下：客户机向认证服务器（AS）发送请求，要求得到某服务器的证书，然后 AS 的响应包含这些用客户端密钥加密的证书。证书的构成为①服务器"ticket"；②一个临时加密密钥（又称会话密钥）。

客户机将 ticket（包括用服务器密钥加密的客户机身份和一份会话密钥的拷贝）传送到服务器。会话密钥可以用来认证客户机或服务器，也可用来为双方以后的通信提供加密服务，或通过交换独立子会话密钥为通信双方提供进一步的通信加密服务。

上述认证过程需要以只读方式访问 Kerberos 数据库。但有时，数据库中的记录必须修改，如添加新的规则或改变规则密钥时，修改过程通过客户机和第三方 Kerberos 服务器间的协议完成。另外，也有一种协议用于维护多份 Kerberos 数据库的拷贝，这可以认为是执行过程中的细节问题，并且会不断改变以适应各种不同数据库技术。

Kerberos 系统设计上采用客户端 / 服务器结构与 DES 加密技术，并且客户端和服务器端均可对对方进行身份认证，可以用于防止窃听、防止 Replay 攻击、保护数据完整性等场合，是一种应用对称密钥体制进行密钥管理的系统。Kerberos 的扩展产品也使用公开密钥加密方法进行认证。

## 二、安全外壳协议 SSH

通过使用 SSH，可以把所有传输的数据进行加密，这样"中间人"攻击方式就不可能实现了，而且也能够防止 DNS 和 IP 欺骗。这还有一个额外的好处就是传输的数据是经过压缩的，可以加快传输的速度。SSH 有很多功能，它既可以代替 Telnet，又可以为 FTP、POP 甚至 PPP 提供一个安全的"通道"。

SSH 是由客户端和服务端的软件组成的，有 2 个不兼容的版本分别是 1.x 和 2.x。用 SSH 2.x 的是不能连接到 SSH 1.x 的。OpenSSH 2.x 同时支持 SSH 1.x 和 SSH 2.x。从客户端来看，SSH 提供 2 种级别的安全验证。

第一种级别：基于口令的安全验证。只要知道自己的账号和口令，就可以登录到远程主机，所有传输的数据都会被加密，但是不能保证正在连接的服务器就是想连接的服务器，也就是有可能会受到"中间人"方式的攻击。

第二种级别：基于密钥的安全验证。必须为自己创建一对密钥，并把公用密钥放在需要访问的服务器上。如果要连接到 SSH 服务器，客户端软件就会向服务器发出请求，请求用私人密钥进行安全验证。服务器收到请求之后，先在该服务器的目录下寻找公用密钥，然后把两个密钥进行比较。如果两个密钥一致，服务器就用公用密钥加密"质询"并把它发送给客户端软件。客户端软件收到"质询"之后就可以用私人密钥解密再把它发送给服务器。用这种方式，必须知道私人密钥。但是，与第一种级别相比，第二种级别不需要在网络上传送口令。

第二种级别不但加密所有传送的数据，而且"中间人"攻击方式也是不可行的，因为他没有私人密钥。但是，整个登录的过程可能需要花费 10 秒的时间。

## 三、安全套接层协议 SSL

一个应用程序的安全需求在很大程度上取决于如何使用该应用程序和该应用程序将要保护什么。用现有技术实现强大的、一般用途的安全通常是可能的，认证就是一个很好的示例。

当顾客想从 Web 站点购买某个产品时，顾客和 Web 站点都要进行认证。顾客通常是以提供名字和密码的方式来认证。Web 站点通过交换签名数据和有效的 X.509 证书来认证。顾客的浏览器认证该证书并用所附的公用密钥认证签名数据。一旦双方都认证成功，交易就可以开始了。

SSL 能用相同的机制处理服务器认证和客户机认证。Web 站点是典型的对客户机认证不依赖 SSL，因为要求用户提供密码是较容易的。而 SSL 客户机和服务器认证对于透明认证是完美的，对等机（如 P2P 应用程序中的对等机）之间一定会发生透明认证。

安全套接层（SSL）是一种安全协议，为网络的通信提供私密性。SSL 使应用程序在通信时不用担心被窃听和篡改。SSL 实际上是共同工作的 2 个协议："SSL 记录协议"和"SSL 握手协议"。"SSL 记录协议"是 2 个协议中较低级别的，它为数据的变化记录进行加密和解密。"SSL 握手协议"是处理应用程序凭证的交换和验证。

当一个客户机想和服务器通信时，客户机需要打开一个与服务器相连接的套接字连接。然后，客户机和服务器对安全连接进行协商。作为协商的一部分，服务器向客户机作自我认证。客户机可以选择向服务器作或不作自我认证。一旦完成了认证并且建立了安全连接，则 2 个应用程序就可以安全通信。按照惯例，可以把发起该通信的对等机看作客户机，另一个对等机则看作服务器，不管连接之后它们充当什么角色。

名为 A 和 B 的 2 台对等机想安全通信，在简单的 P2P 应用程序环境中，对等机 A 想查询对等机 B 上的一个资源，每个对等机都有包含其专用密钥的一个数据库和包含其公用密钥的证书，密钥保护数据库的内容，该数据库还包含一个或多个来自被信任对等机的自签名证书。对等机 A 发起这项事务，每台对等机相互认证，2 台对等机协商采用的密码及其长度并建立一个安全通道。完成这些操作之后，每个对等机都知道它正在跟谁交谈并且知道通道是安全的。SSL 安全套接层协议主要是使用公开密钥体制和 X.509 数字证书技术保护信息传输的机密性和完整性，它不能保证信息的不可抵赖性，该协议主要适用于点对点的信息传输，常用 Web Server 方式。

安全套接层协议是网景公司提出的基于 WEB 应用的安全协议，它包括服务器认证、客户认证（可选）、SSL 链路上的数据。

对于电子商务应用来说，使用 SSL 可保证信息的真实性、完整性和保密性。但由于 SSL 不对应用层的消息进行数字签名，因此不能提供交易的不可否认性，这是 SSL 在电子商务中的最大不足。鉴于此，网景公司在从 Communicator 4.04 版开始的所有浏览器中引入"表单签名"功能，在电子商务中，可利用这一功能来对包含购买者订购信息和付款指令的表单进行数字签名，从而保证交易信息的不可否认性。在电子商务中采用单一的 SSL 协议来保证交易的安全是不够的，但采用"SSL+ 表单签名"的模式能够为电子商务提供较好的安全保证。

## 四、Internet 安全解决方案 PKI

为解决 Internet 的安全问题，世界各国对其进行了多年的研究，初步形成了一套完整的解决方案，即目前被广泛采用的 PKI 体系结构。PKI 体系结构采用证书管理公钥，通过第三方的可信机构 CA，把用户的公钥和用户的其他标识信息

（如名称、E-mail、身份证号等）捆绑在一起，在 Internet 验证用户的身份，实现密钥的自动管理，保证网上数据的机密性、完整性。

从广义上讲，所有提供公钥加密和数字签名服务的系统，都可叫作 PKI 系统。PKI 的主要目的是通过自动管理密钥和证书，为用户建立起一个安全的网络运行环境，使用户可以在多种应用环境下方便地使用加密和数字签名技术，从而保证网上数据的机密性、完整性、有效性。数据的机密性是指数据在传输过程中不能被非授权者偷看；数据的完整性是指数据在传输过程中不能被非法篡改；数据的有效性是指数据不能被否认。一个有效的 PKI 系统必须是安全和透明的，用户在获得加密和数字签名服务时，不需要详细地了解 PKI 是怎样管理证书和密钥的，一个典型、完整、有效的 PKI 应用系统至少应具有以下部分：公钥密码证书管理；黑名单的发布和管理；密钥的备份和恢复；自动更新密钥；自动管理历史密钥；支持交换认证。

由于 PKI 体系结构是目前比较成熟、完善的 Internet 网络安全解决方案，国外的一些大型网络安全公司纷纷推出一系列基于 PKI 的网络安全产品，为电子商务的发展提供了安全保障。

PKI 是一种新的安全技术，是由公开密钥密码技术、数字证书、证书发放机构和关于公开密钥的安全策略等组成的。PKI 既是利用公钥技术实现电子商务安全的一种体系，也是一种基础设施，网络通信、网上交易等都是利用它来保证安全的。

PKI 公钥基础设施是提供公钥加密和数字签名服务的系统或平台，目的是管理密钥和证书。一个机构通过采用 PKI 框架管理密钥和证书的方式可以建立一个安全的网络环境。

## 五、安全电子交易协议

安全电子交易协议（SET）是由美国 Visa 和 Mastercard 两大信用卡组织联合国际上多家科技机构共同制定的应用于 Internet 的以银行卡为基础进行在线交易

的安全标准。通过 SET 可以实现电子商务交易中的加密、认证、密钥管理机制等，保证了在 Internet 上使用信用卡进行在线购物的安全，SET 成为目前公认的信用卡 / 借记卡网上交易的国际安全标准。

SET 采用公钥密码体制和 X.509 数字证书标准，主要应用于 B2C 模式中保障支付信息的安全性。SET 本身比较复杂，设计比较严格，安全性高，能保证信息传输的机密性、真实性、完整性和不可否认性。其工作流程如下：

（1）消费者利用自己的 PC 机通过 Internet 选定所要购买的物品，并在计算机上输入订货单，订货单上需包括在线商店、购买物品名称及数量、交货时间及地点等相关信息。

（2）通过电子商务服务器与有关在线商店联系，在线商店作出应答，告诉消费者所填订货单的货物单价、应付款、交货方式等信息是否准确，是否有变化。

（3）消费者选择付款方式，确认订单并签发付款指令。此时 SET 开始介入。

（4）在 SET 中，消费者必须对订单和付款指令进行数字签名，同时利用双重签名技术保证商家看不到消费者的账号信息。

（5）在线商店接受订单后，向消费者所在银行请求支付认可。该请求信息通过支付网关到收单银行，再到电子货币发行公司确认。批准交易后，返回确认信息给在线商店。

（6）在线商店发送订单确认信息给消费者。消费者端可记录交易日志，以备将来查询。

（7）在线商店发送货物或提供服务并通知收单银行将钱从消费者的账号转移到商店账号，或请求发卡银行支付。在认证操作和支付操作中间一般会有一个时间间隔。

前 2 步与 SET 无关，从第 3 步开始 SET 起作用，一直到第 6 步，在处理过程中通信协议、请求信息的格式、数据类型的定义等都有明确的规定。在操作的每一步，消费者、在线商店、支付网关都通过 CA（认证中心）来验证通信主体的身份，以确保通信的对方不是冒名顶替。所以，也可以认为 SET 规格充分发挥了认证中心的作用，以维护开放网络上电子商务参与者所提供信息的真实性和保密性。

SET 是 PKI 框架下的一个典型实现，同时也在不断升级和完善，例如 SET 2.0 将支持借记卡电子交易。

## 六、网络层安全协议

IPSec 由 IETF 制定，面向 TCMP，它为 IPv4 和 IPv6 协议提供基于加密安全的协议。

IPSec 主要功能为加密和认证，同时还需要有密钥的管理和交换的功能，以便为加密和认证提供所需要的密钥并对密钥的使用进行管理。以上 3 方面的工作分别由 AH、ESP 和 IKE 3 个协议规定。为了介绍这 3 个协议，需要先引入一个非常重要的术语 SA（安全关联）。所谓安全关联，是指安全服务与它服务的载体之间的"连接"。AH 和 ESP 都需要使用 SA，而 IKE 的主要功能就是 SA 的建立和维护。要实现 AH 和 ESP，都必须提供对 SA 的支持。通信双方如果要用 IPSec 建立一条安全的传输通路，需要事先协商好将要采用的安全策略，包括使用的加密算法、密钥、密钥的生存期等。当双方协商好使用的安全策略后，双方就建立了一个 SA。当建立了一个 SA，就确定了 IPSec 要执行的处理，如加密、认证等。SA 可以进行 2 种方式的组合，分别为传输临近和嵌套隧道。

IPSec 的工作原理类似于包过滤防火墙，可以看作对包过滤防火墙的一种扩展。当接收到一个 IP 数据包时，包过滤防火墙使用其头部在一个规则表中进行匹配。当找到一个相匹配的规则时，包过滤防火墙就按照该规则制定的方法对接收到的 IP 数据包进行处理。这里的处理工作只有 2 种：丢弃或转发。IPSec 通过查询 SPD（安全策略数据库）决定对接收到的 IP 数据包的处理。但是，IPSec 不同于包过滤防火墙的是，对 IP 数据包的处理方法除了丢弃、转发，还有一种，即进行 IPSec 处理。正是这新增添的处理方法提供了比包过滤防火墙更进一步的网络安全性。进行 IPSec 处理意味着对 IP 数据包进行加密和认证。包过滤防火墙只能控制 IP 数据包的通过，既可以拒绝外部站点的 IP 数据包访问内部站点，也可以拒绝内部站点对外部网站的访问。但是，包过滤防火墙既不能保证自内部网络出去的数据包不被截取，也不能保证进入内部网络的数据包未经过篡改。只有在对 IP 数据包实施了加密和认证后，才能保证在外部网络传输的数据包的机密性、真实性、完整性，才使通过 Internet 进行安全的通信成为可能。IPSec 既可以只对 IP 数据包进行加密，也可以只进行认证，或二者同时实施。但无论是进行加密还是进行认证，IPSec 都有 2 种工作模式，一种是隧道模式，另一种是传输模式。

## 习题三

1. 为什么说密码、协议和防火墙是网络安全的 3 道防线？

2. 网络体系结构通信协议有哪 7 层？各有什么作用？

3. 如何保证网络协议的安全？

4. 简述安全电子交易协议的工作流程。

# 第四章　网络安全产品配置

## 第一节　网络安全产品分类

　　当前网络安全产品细分领域非常多，产品特性也存在交集，且产品形态也会随着技术发展和应用场景动态变化，因此网络安全产品分类是一个动态过程。先来看一下全景图（见图4-1）。

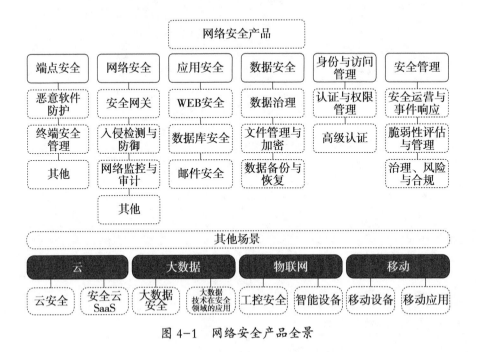

图4-1　网络安全产品全景

　　首先将网络安全产品分为"端点安全"、"网络安全"、"应用安全"、"数据安全"、"身份与访问管理"和"安全管理"6 个一级分类。每个一级分类下面还定义若干个二级分类，二级分类从属于一级分类。近些年，"云大物移"的概念对网络安全产品形态、特性和应用场景产生了一定的影响，未来这种影响会持续和深入。据此定义了"云"、"大数据"、"物联网"和"移动"4 个一级场景，每个场景下均有若干个二级场景。

"端点安全"（见图 4-2）包括 3 个二级分类，分别为"恶意软件防护"、"终端安全管理"和"其他"。每个二级分类下面包含若干个三级分类。三级分类中，"终端检测与响应"在国外市场比较火，大有代替防病毒产品的趋势。

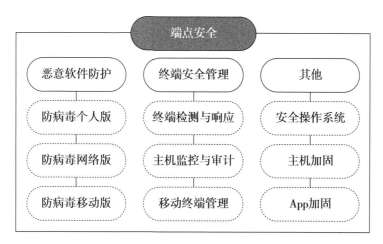

图 4-2 端点安全

"网络安全"（见图 4-3）包括 4 个二级分类，分别为"安全网关"、"入侵检测与防御"、"网络监控与审计"和"其他"。这个大类所占市场份额也是最大的。这部分的三级分类需要说明的有以下 3 点：

（1）VPN 暂被归类到安全网关是因为类防火墙产品大多具备 VPN 功能，虽然独立 VPN 产品有一些专有特性，如认证与权限管理、应用虚拟化等。

（2）高级威胁检测产品主要针对"0 day"漏洞利用问题，虽然结合了行为分析、威胁情报和沙箱等特性，但本质上还是检测入侵行为，因此被归类到入侵检测与防御类别。

（3）在国内，上网行为管理也是一个大类别，被归类到"行为管理与审计"

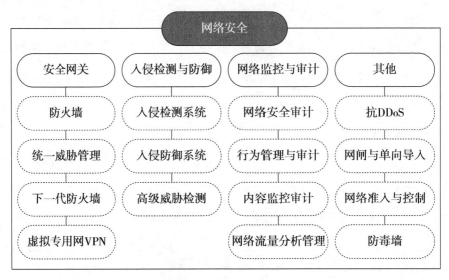

图 4-3　网络安全

是因为申请销售许可证一般是按照网络通信审计标准进行检测。

"应用安全"见图 4-4。

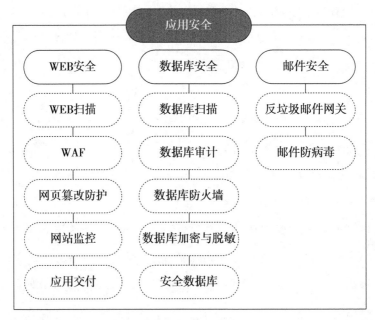

图 4-4　应用安全

"数据安全"（见图 4-5）包括 3 个二级分类，分别为"数据治理"、"文件管理与加密"和"数据备份与恢复"。在大数据时代，对于国家、企业和个人来说，数据都是核心资产，数据安全尤为重要。"数据治理"主要包括"数据发现与分级"、"数据防泄露网络版"及"数据防泄露主机版"。数据泄露防护系统类产品能够解决数据防泄露的问题。数据安全的难点在于数据价值评估，安全防护级别应与数据价值匹配。

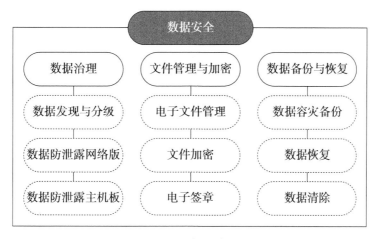

图 4-5　数据安全

"身份与访问管理"如图 4-6 所示。

图 4-6　身份与访问管理

"安全管理"（见图 4-7）包括 3 个二级分类，分别为"安全运营与事件响应"、"脆弱性评估与管理"和"治理、风险与合规"。日志审计 LA 的数据源是 log，主要过程是收集与处理、分析和展示；SIEM 的数据源除了 log，还有 flow、dpi、full packet、registry、process 等，数据量更大，对收集与处理和分析能力要求更强，展示内容也比 LA 更丰富完整；SOC 就是在 SIEM 基础上增加工作流，最新特性还有安全自动化与协同。国内的此类产品数据收集维度较为单一，数据处理和分析能力、安全自动化及协同能力还有进一步提升空间。对于一般用户来说，及时进行安全更新，安全风险就会降低。如果用一个"0 day"漏洞来攻击，就要考虑更高等级的安全防护措施了。

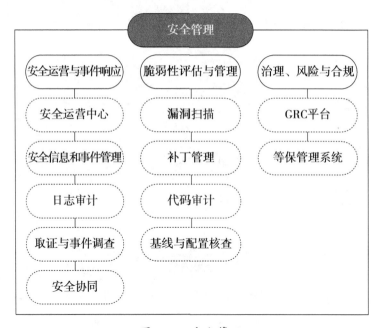

图 4-7　安全管理

"云"（见图 4-8）场景包括 2 个二级场景，分别为"云安全"和"安全云 SaaS"。无论是私有云还是公有云，云安全指的都是 SaaS 的问题。一般来说，数据中心上云后，原来盒子形态的网络安全产品就无法部署，云安全产品应运而生。可以理解为原来应用到数据中心的安全产品软件化，在适配云平台基础上解决了一些云上的安全问题，如主机安全、租户隔离、应用防护等。安全云 SaaS 可以理解为 SaaS 服务。原来购买一台抗 DDoS 设备部署在本地，保护服务器免受拒绝服务攻击。在 SaaS 服务提供商那里购买一个账号，将流量牵引到服务提供商，由他们负责检测并清洗流量，让合法流量能够访问服务器。目前常见的安全云 SaaS 服务有云抗 D、云 WAF、云身份认证等。

图 4-8 云

"大数据"（见图 4-9）场景包括 2 个二级场景，分别为"大数据安全"和"大数据技术在安全领域的应用"。大数据是未来发展重要的资源，面临的问题也比较明确：一是资源拥有者如何保障资源的安全性；二是如何合法收集和合理利用大数据资源。大数据技术在安全领域的应用，目前能够看到的有态势感知、威胁情报、反欺诈与风控等。

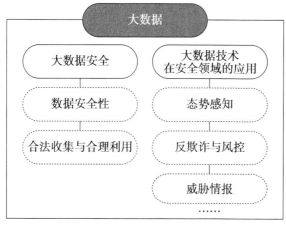

图 4-9 大数据

"物联网"（见图4-10）场景包括2个二级场景，分别为"工控安全"和"智能设备"。应用到工业控制领域的安全产品对硬件有一定要求，如宽温、宽湿和宽压等。软件能够对工控系统进行安全防护。随着智能设备的普及，我们面临的安全问题也会逐渐增多，未来安全产品将有更大的市场。

图 4-10　物联网

最后一个场景是"移动"（见图4-11）。对于移动设备来说，个人隐私保护尤为重要。很多App请求访问移动设备的位置、通讯录、信息、通话记录、照片等隐私数据，一旦允许访问，App访问了哪些数据、有无收集个人隐私行为，

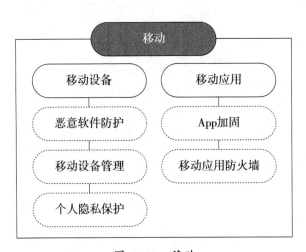

图 4-11　移动

用户并不知情。对于移动应用来说，客户端 App 的安全问题主要是篡改问题，如果安装了篡改后的 App，等同于在手机上装了木马。服务端的安全问题与应用安全类似，更确切地说是 Web 安全，因为客户端与服务端通信大量使用 HTTP/HTTPS 协议。

## 第二节　入侵防御系统

入侵防御系统（IPS），如图 4-12 所示，是一种计算机网络安全设施，能够及时中断、调整或隔离一些不正常或是具有伤害性的网络资料传输行为。

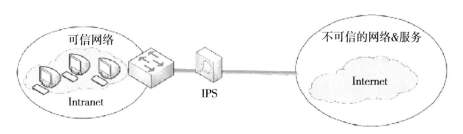

图 4-12　入侵防御系统（IPS）

相对于 IDS 入侵检测系统，IPS 可以说是 IDS 的升级版，可弥补 IDS 某些方面的弱点。IPS 能够识别事件的侵入、关联、冲击、方向并进行适当的分析，然后将合适的信息和命令传送给防火墙、交换机和其他的网络设备，以降低该事件的风险。

## 一、入侵防御系统的分类

入侵防御系统可分为以下几类。

1. 基于主机的入侵防御（HIPS）

HIPS 通过在主机或服务器上安装软件代理程序，防止网络攻击入侵 OS 以及应用程序。

2. 基于网络的入侵防御（NIPS）

NIPS 通过检测网络流量，提供对网络系统的安全保护。NIPS 通常被设计成类似于交换机的网络设备，提供线速吞吐速率以及多个网络端口，因此需要具备很高的性能，以免成为网络的瓶颈。

3. 应用入侵防御（AIP）

AIP 应用入侵防御是 NIPS 的一个特例，它把基于主机的入侵防御扩展成为位于应用服务器之前的网络设备。AIP 被设计成一种高性能的设备，配置在应用数据的网络链路上，以确保用户遵守设定好的安全策略，保护服务器的安全。

## 二、入侵防御系统的功能

入侵防御系统融合高性能、高安全性、高可靠性和易操作性等特性，产品内置先进的 Web 信誉机制，同时具备深度入侵防御、精细流量控制，以及全面监管用户上网行为等多项功能，能够为用户提供深度攻击防御和应用带宽保护的价值体验，其常见功能如下。

1. 入侵防御

实时、主动拦截黑客攻击、蠕虫、后门木马、DoS 等恶意流量，保护企业信息系统和网络架构免受侵害，防止操作系统和应用程序损坏或宕机。

2. Web 安全

基于互联网 Web 站点的挂马检测结果，结合 URL 信誉评价技术，保护用户在访问被植入木马等恶意代码的网站时不受侵害，及时、有效地拦截 Web 威胁。

3. 流量控制

阻断一切非授权用户流量，管理合法网络资源的利用，有效保证关键应用全天候畅通无阻，通过保护关键应用带宽来不断提升企业 IT 产出率和收益率。

4. 上网监管

全面监测和管理 IM 即时通信、P2P 下载、网络游戏、在线视频、在线炒股等网络行为，协助企业辨识和限制非授权网络流量，更好地执行企业的安全策略。

## 三、入侵防御系统的配置

1. 安装部署规划

入侵防御系统的接入方式：串行接入（串联）。

snort 配置 ips 模式，先将数据采集器（daq）配置为支持 nfq 模式，为 daq 安装 netfilter_queue、libnfnetlink、libmnl。下载相应源码包，解压编译安装，也可以尝试命令方式安装。同时，安装依赖开发包，因为源码编译 daq 需要开发包支持。然后下载 libdnet 源码包，解压编译安装。

2. 加电测试

设备安装前对设备进行加电测试，包含板卡、模块、系统运行状态等，确保设备运行状态正常。

3. 设备预先设置

（1）选择系统—许可管理。

（2）单击"更新授权"，将授权码粘贴到输入框。

（3）单击"提交"。

4. 特征库升级

（1）为保证网络环境得到及时的安全防护，设备上线前手动进行特征库升级。

（2）选择系统—版本管理—特征库版本。

（3）选择手动升级，选择需要更新的文件，然后单击"提交"。

5. 设备登录管理

（1）登录地址：https：//192.168.1.250。

（2）原厂设备默认管理口 IP 地址是 192.168.1.250/24（默认用户名：admin，密码：venus.nips）。

（3）修改登录地址，开启远程登录访问限制，关闭不安全接口服务。

6. 安全策略配置

（1）三权分立配置。开启设备三权分立配置，实现不同账号对设备的管理权限。

（2）安全策略梳理。根据现有 IPS 配置信息进行设备配置格式转换导入。

（3）配置策略梳理。

（4）新增配置。根据现有设备攻击防护记录数据信息，开启安全防护策略，并进行安全防护策略调整，包含阻断、告警、提示等。

项目实施需要注意收集以下信息进行数据同步：ntp 服务器；snmp 团体名；日志服务器；ips 管理 ip 地址主、备各一个，共 2 个；ips 用户名、密码；管理主机范围；内网 ip 段；升级管理；透明网桥配置；地址对象；静态路由配置；防攻击配置；弱口令配置；安全访问配置。

## 第三节　防火墙配置

现在防火墙已具备路由器的所有功能，所以很多时候可以用防火墙直接替换路由器，新建网络直接用防火墙做出口。

## 一、防火墙的部署

### （一）防火墙的模式

#### 1. 路由模式

多用于出口部署配置 NAT、路由、端口映射。此模式下防火墙所有功能均可以正常使用。

2. 透明模式

多用于串联与网络，对两个不同安全域做边界防护。此模式下端口映射功能、NAT 功能、VPN 功能无法使用。

3. 旁路模式

使用场景较少，代替 VPN 设备使用时采用旁路模式。

路由模式与透明模式，部署场景也需要根据实际情况来选择，路由模式需要对网络进行改动，透明模式对当前网络无需进行改动，透明模式下部分功能无法使用。

（二）防火墙参数

（1）设备吞吐量：设备传输数据量，对应到具体设备选型时关注的参数为带宽。

（2）设备并发连接数：能够同时处理的点对点连接的最大数目，对应到具体设备选型时关注的参数为同时在线人数。

（3）设备新建连接数：防火墙 1 秒内创建的连接数。

（4）设备接口：设备配备的电口、光口等物理接口。

（5）设备选型方面没有特殊要求，设备接口数都可以满足需要。如果有特殊需要，购买前需要提前沟通，主要关注设备吞吐量与设备并发连接数 2 个参数，选择时需要考虑以后网络扩容，避免重复购买。

（三）防火墙应用场景

（1）出口网关：比较常见的使用场景，在互联网出口处使用防火墙，提供 NAT、路由、端口映射等功能。

（2）安全域边界防护：专网或大型网络内对各个不同安全域进行隔离防护。

（3）IPSec VPN：2 台或 2 台以上设备之间使用 IPSec VPN 进行互联，多用于总部与分支网络使用。

## 二、创建防火墙的步骤

成功创建一道防火墙系统，一般需要 6 个步骤：制定安全策略，搭建安全体系结构，制定规则次序，落实规则集，注意更换控制和做好审计工作。

建立一个可靠的防火墙规则集对于创建一个成功、安全的防火墙来说是非常关键的一步。如果防火墙规则集配置错误，再好的防火墙也只是摆设。在安全审计中，经常能看到一个斥巨资购入的防火墙由于某个规则配置错误而将机构暴露于巨大的危险之中。

（一）制定安全策略

防火墙和防火墙规则集只是安全策略的技术实现。在建立防火墙规则集之前，必须理解安全策略。安全策略一般由管理人员制定，它包含以下 3 个方面内容：①内部员工访问 Internet 不受限制；② Internet 用户有权访问公司的 Web 服务器和 E-mail 服务器；③任何进入公用内部网络的数据必须经过安全认证和加密。

实际的安全策略要远远比这复杂。实际应用中，需要根据公司的实际情况制定详细的安全策略。

（二）搭建安全体系结构

作为网络安全管理员，需要将安全策略转化为安全体系结构。"Internet 用户有权访问公司的 Web 服务器和 E-mail 服务器"表明应该首先为公司建立 Web 和 E-mail 服务器。因为任何人都能访问 Web 和 E-mail 服务器，所以这些服务器是不安全的，通过把这些服务器放入 DMZ 区来实现该项策略。

（三）制定规则次序

在建立规则集时，需要注意规则的次序，同样的规则以不同的次序放置，可能会完全改变防火墙的运转情况。

很多防火墙以顺序方法检查信息包，当防火墙接收到一个信息包时，它先与第 1 条规则相比较，然后是第 2 条、第 3 条……当它发现一条匹配规则时，就停止检查并应用这条规则。通常的顺序是较特殊的规则在前，较普通的规则在后，防止在找到一个特殊规则之前被一个普通规则匹配。

（四）落实规则集

一个典型的防火墙的规则集合包括 12 个方面：

（1）切断默认。第一步需要切断数据包的默认设置。

（2）允许内部出网。允许内部网络的任何人出网，与安全策略中所规定的一样，所有的服务都被许可。

（3）添加锁定。添加锁定规则，阻止对防火墙的访问，这是所有规则集都应有的一条标准规则，除了防火墙管理员，任何人都不能访问防火墙。

（4）丢弃不匹配的信息包。在默认情况下，丢弃所有不能与任何规则匹配的信息包，但这些信息包并没被记录。把它添加到规则集末尾来改变这种情况，这是每个规则集都应有的标准规则。

（5）丢弃并不记录。通常网络上大量被防火墙丢弃并记录的通话会很快将日志填满，创立一条规则丢弃这种通话并不记录它。

（6）允许 DNS 访问。允许 Internet 用户访问内部的 DNS 服务器。

（7）允许邮件访问。允许 Internet 用户和内部用户通过 SMTP 协议访问邮件服务器。

（8）允许 Web 访问。允许 Internet 用户和内部用户通过 HTTP 协议访问 Web 服务器。

（9）阻塞 DMZ。禁止内部用户公开访问 DMZ 区域。

（10）允许内部的 POP 访问。允许内部用户通过 POP 协议访问邮件服务器。

（11）强化 DMZ 的规则。DMZ 区域应该从不启动与内部网络的连接。

（12）允许管理员访问。允许管理员以加密方式访问网络。

（五）注意更换控制

当规则组织好后，应该写上注释并经常更新，注释可以帮助理解每一条规则。对规则理解得越好，错误配置的可能性越小。对那些有多重防火墙管理员的大机构来说，建议当规则被修改时，把下列信息加到注释中，这可以帮助管理员跟踪谁修改了哪条规则及修改的原因：①规则修改者的名字；②规则修改的日期和时间；③规则修改的原因。

（六）做好审计工作

建立好规则集后，检测是否可以安全工作是关键的一步。防火墙实际上是一种隔离内外网的工具。在 Internet 中，很容易犯一些配置上的错误。建立一个可靠、简单的规则集，可以创建一个更安全的网络环境。

需要注意的是，规则越简单越好。网络的"头号敌人"是错误配置，规则集应尽量简短，因为规则越多，就越可能犯错误，规则越少，理解和维护起来就越容易。

# 第四节　网络行为管理与安全审计

随着信息技术和互联网技术的高速发展，互联网日益成为人们工作、学习和生活的一部分。人们在享受互联网带来的巨大便利的同时，也为互联网应用所产生的负面影响而烦恼；复杂的互联网使用环境给管理者带来诸如工作效率降低、带宽资源滥用、信息机密外泄等问题，并因此而产生法律、安全、组织名誉以及组织公信力等问题。互联网使用管理的缺失让我们面对更多的道德、文化、法律以及使用者身心健康的问题，人们对互联网管理等提出了迫切的需要。

通过互联网管理，用户可以实时了解、分析互联网使用状况，并根据分析结果对管理策略进行优化。

网络行为管理产品分为"网络行为管理硬件"和"网络行为管理软件"2 种。

# 一、网络行为管理系统

## （一）网络行为管理系统的功能

网络行为管理系统采用数据包过滤的方式，对内外网络的交换数据进行必要的审查和过滤，能够有效降低网络内部的安全风险，其中包括路由功能、轻型防火墙功能和防 DDoS 攻击功能。

1. 路由功能

产品内置静态与动态路由功能，在网络接入环境中可以实现路由，从而协助用户达到节省投资、简化管理的目的。

2. 轻型防火墙功能

通过建立访问控制列表，限制和管理内网用户和外网用户的访问请求，能够同时禁止外网用户对内部网络的病毒和黑客攻击。

3. 防 DDoS 攻击功能

采用了数理分析统计概念和随机过程概念，不基于特定规则的防 DDoS 攻击能够防御各类 DoS 和 DDoS 攻击及其变种，如 SYN Flood、UDP Flood、（M）Stream Flood、ICMP Flood、Ping of Death、Land、Tear Drop、WinNuke 等，保护内部主机和网络的安全和服务的连续性。

另外，通过网络地址转换功能，能够有效地隐藏内部网络结构和内部网络地址，从而提高网络安全性。

## （二）网络行为管理系统应用效果

1. 提升工作效率

上班时间从事私人活动，是困扰管理者的问题，但管理者却难以阻止员工在上班时间浏览无关网站、QQ 聊天等与工作无关的网络行为，员工工作效率的下降将直接影响组织的竞争力。而通过网络行为管理系统的应用可以把与工作无关的上网行为降到最低，减少员工的分心，让他们更专注于工作，提升工作效率。

2. 提升带宽利用率

对于严重吞噬带宽的 P2P 行为，网络行为管理系统不仅能将其彻底封堵，还能对其占用的带宽进行流量管控。基于用户（组）、时间段、应用类型的带宽管理和带宽通道划分，结合智能 QoS，既保证了业务应用对带宽的需求，又避免了对带宽的滥用，还提升了带宽利用效率。

3. 提升内网安全级别

浏览色情、反动网站和下载安装未知文件，都会导致病毒等被"邀请"进入内网。通过网络行为管理系统，将过滤这些行为，并提供网关杀毒功能，从源头消除威胁；源自内网的 DoS 攻击、ARP 欺骗等也将被彻底防御；而内网使用低版本操作系统、不及时打补丁、不安装指定的杀毒 / 防火墙软件、安装使用违规软件的终端用户，也能被发现，从而提升内网安全级别。

4. 保护组织信息资产安全

员工使用 E-mail 可能将组织的信息机密发送到公网、甚至竞争对手处，网络行为管理系统中的"邮件延迟审计"技术，将杜绝该泄密行为。员工的网络发帖等行为，同样可以过滤和记录。

5. 避免法律风险

若员工利用组织的 Internet 连接访问反动、邪教等不良网站，发表非法言论，收集和发布色情图片等，将导致组织违反法律法规、承受法律诉讼等。上网行为管理系统可以管控和过滤员工的此类行为，并详细记录和审计员工的各种网络行为日志，做到有据可查，降低法律风险。

网络行为管理系统提供的数据中心，可以海量存储内网用户的各种网络行为日志，具有图形化的查询、审计、统计、自动报表等功能，方便组织管理者了解和掌控员工的网络行为。

（三）具有网络行为管理功能的产品适用范围

市面上能够提供全面或部分网络行为管理功能的产品已经有几十种，产品的适用范围通常分为 3 类。

1. 适合同时上网 PC 数量低于 50 台

这类产品一般以软件和低端宽带路由器集成的过滤设备为主。此类监控设备产品通常成本低廉、稳定性较差，适合对上网行为管理有需求，但预算有限的用户。低端宽带路由器集成针对部分常见应用或软件的过滤功能，同样以价格低廉胜出。在提供基本组网应用的同时，兼顾最基础的上网行为管理需求，更容易被价格敏感的用户接受。

2. 适合同时上网 PC 数量在 50~200 台

这类产品一般以纯软件架构为主，但是需要部署在性能相对较高的服务器或者 PC 机。通过综合使用 DPI（深度数据包检测）和 DFI（深度流量检测）的方式，分析网络应用特征码，配合智能带宽管理、自动行为管控等综合策略，全面管理聊天、在线视频、股票、游戏、P2P 下载、非法网站等的过滤，并配合 WAN 口流量统计、LAN 侧用户流量统计、并发 Session 统计等功能，提供综合的管理手段。通常价格较低端路由器略高，但功能更全面，性能更稳定，性价比能被此等规模的企业用户所接受。

3. 适合同时上网 PC 数量在 200 台以上

这类产品通常是采用硬件与软件结合的方式，即同样的软件版本，安装在不同档次的工业计算机上，经过反复的测试，根据工业计算机处理性能的不同，可以涵盖 200~500 台、500~1000 台，甚至更大范围的并发应用。如果有性能更为强大的工业计算机作为处理平台，这类产品可提供的功能将更加丰富，部分产品甚至可以缓存上网浏览或发送的内容，检索出可能涉及泄露公司机密、触犯法律或不适合上班时间处理的内容，进而采取相应的策略加以限制。对于规模较大的公司，IT 管理更加注重技术，需要管理的内容和手段更加广泛，以适应大批量管理的需要。此类产品由于其复杂的功能需要高性能的工业计算机才能够支撑，因此起步价格通常因硬件成本的因素而较高，只有规模和需求达到一定程度的中大型企业可以接受。也有部分厂家推出了适合中小规模用户的产品，功能上没有太大的差异，只是选择更为低性能的工业计算机进行处理，从而降低了整体成本，满足中小规模用户的需求。

（四）网络行为管理的实施步骤

（1）洞悉。要做好网络行为管理，必须先洞悉企业内使用互联网的过程中存在哪些问题。

（2）管控。先分析问题的根源，再制定有针对性的问题管控策略；网络行为管控策略必须是有针对性的，这样才能满足不同企业本身的管理制度、企业文化的要求。

（3）驾驭。最后通过审计报表了解问题解决的程度和效果，再根据报表做管理策略优化，进而达到驾驭互联网、实现网络行为管理的目标。

从部署的方式来看，主要分为旁路与串接，这主要根据用户对上网行为的管理程度来决定。2种部署方式特点如下：①旁路。不容易造成单点故障，但是控制和管理的效果不理想。②串接。控制和管理的效果好，但是容易造成单点故障。

国内主流厂商提供的产品都不太稳定，单点故障率较高，建议用户在条件允许的情况下采用旁路的方式部署，同时这种方式对于以备份为主的监控也是更好的选择。

## 二、安全审计

1.审计控制

（1）表单的自动分类和统计。

（2）支持对发件人、收件人、标题内容、正文内容、附件名称、邮件大小的审计，以及对邮件内容和附件下载的审计。

2. 传输审计

（1）记录 FTP 登录账号、密码、服务器 IP 地址。

（2）记录传输文件的时间、文件名称、传输方向、大小等信息。

（3）记录 HTTP 下载的文件名、时间等信息。

3. 游戏审计

记录网络游戏的在线开始时间、结束时间、游戏时间段等。

4. 审计设置

（1）用户黑白名单：所有规则设置中优先级最高。白名单中的用户可以设置是否审计，黑名单中的用户无法访问网络，并可设置列入黑名单的时间长度。

（2）URL 黑白名单：优先级仅低于用户黑白名单。白名单中的网址可以设置是否记录，黑名单中的网址可以设置是否生成报警信息。

（3）协议黑白名单：优先级低于用户、URL 黑白名单。可对白名单中的协议设置是否记录，对黑名单中的协议进行报警信息设置。

（4）应用规则 / 内容规则设置：优先级低于用户、URL、协议黑白名单。可具体针对应用、IP、时间、优先级等设置策略。

（5）全局审计规则：优先级最低。是对全局数据是否进行记录的设置。

## 第五节　网闸

网闸（GAP），全称是安全隔离网闸，是一种由带有多种控制功能专用硬件在电路上切断网络之间的链路层连接，并能够在网络间进行应用数据交换的网络安全设备。

### 一、网闸的组成与功能

网闸是由软件和硬件组成的。功能模块有安全隔离、内核防护、协议转换、病毒查杀、访问控制、安全审计、身份认证。其性能指标包括系统数据交换速率120Mbps、硬件切换时间 5ms。

网闸的硬件设备由 3 部分组成：外部处理单元、内部处理单元、隔离安全数据交换单元。安全数据交换单元不同时与内外部处理单元连接，是"2+1"的主机架构。网闸采用 SU-Gap 安全隔离技术，创建一个内外部物理断开的环境。

网闸实现了内外部的隔离，在技术特征上，主要表现在网络模型各层的断开。

（一）物理层断开

网闸采用的安全隔离技术，就是要保证网闸的外部主机和内部主机在任何时候都是完全断开的。但外部主机与固态存储介质、内部主机与固态存储介质在进行数据传递的时候，有条件地进行单个连通，但不能同时相连。在实现上，外部主机与固态存储介质之间、内部主机与固态存储介质之间均存在一个开关电路。网络隔离必须保证这 2 个开关不会同时闭合，从而保证 OSI 模型上物理层的断开机制。

（二）链路层断开

由于开关的同时闭合可以建立一个完整的数据通信链路，因此必须消除数据链路，这就是链路层断开技术。任何基于链路通信协议的数据交换技术，都无法消除数据链路的连接，因此不是网络隔离技术。

（三）隔离 TCP/IP 协议

为消除 TCP/IP 协议（OSI 的 3~4 层）的漏洞，必须隔离 TCP/IP 协议。在经过网闸进行数据摆渡时，必须再重建 TCP/IP 协议。

（四）隔离应用协议

为消除应用协议（OSI 的 5~7 层）的漏洞，必须隔离应用协议。隔离应用协议后的原始数据，在经过网闸进行数据摆渡时，必须重建应用协议。

（1）内网处理单元：包括内网接口单元与内网数据缓冲区。接口部分负责与内网的连接，并终止内网用户的网络连接，对数据进行病毒入侵防护等安全检测后剥离出"纯数据"，做好交换的准备，也完成来自内网对用户身份的确认，确保数据的安全；数据缓冲区是存放并调度剥离后的数据，负责与隔离交换单元的数据交换。

（2）外网处理单元：与内网处理单元功能相同，但处理的是外网连接。

（3）隔离与交换控制单元：是网闸隔离的摆渡控制，控制交换通道的开启与关闭。控制单元中包含一个数据交换区，这就是数据交换中的摆渡船。对交换通道的控制方式目前有 2 种：摆渡开关与通道控制。摆渡开关是电子倒换开关，让数据交换区与内外网在任意时刻的连接，形成空间间隔 GAP，实现物理隔离；通道控制是指在内外网之间改变通信模式，中断内外网的直接连接，采用私密的通信手段形成内外网的物理隔离。该单元中有一个数据交换区作为交换数据的中转。

## 二、网闸的应用

当用户的网络需要保证高强度的安全，同时又与其他不信任网络进行信息交换的情况下，如果采用物理隔离卡，用户必须使用开关在内外网之间来回切换，这样不仅管理起来非常麻烦，使用起来也非常不方便。如果采用防火墙，由于防火墙自身的安全很难保证，所以也无法防止内部信息泄露和外部病毒、黑客程序的渗入，安全性无法保证。在这种情况下，安全隔离网闸能够同时满足这 2 个要求，弥补了物理隔离卡和防火墙的不足之处，是最好的选择。

对网络的隔离是通过网闸隔离硬件使 2 个网络在链路层断开实现的，但是为了交换数据，通过设计的隔离硬件在 2 个网络上进行切换，通过对硬件上存储芯片的读写，完成数据的交换。

安装了相应的应用模块之后，安全隔离网闸可以在保证安全的前提下，使用户可以浏览网页、收发电子邮件、在不同网络数据库之间交换数据，并可以在网络之间交换定制的文件。

目前，国产的网闸产品可以满足信任网络用户与外部的文件交换、收发邮件、单向浏览、数据库交换等要求，同时已在电子政务如政府内部的领导决策支持系统、政务应用系统和公共信息处理系统中广泛应用。网闸很好地解决了安全隔离下的信息可控交换等问题，推动了电子政务走向应用时代。

因为网闸可以实现 2 个物理层断开网络间的信息摆渡，构建信息可控交换"安全岛"，所以在政府、军队、电力等领域具有极为广阔的应用前景。网闸突破电子政务外网与内网之间数据交换的瓶颈，并消除政府部门之间因安全问题造成的信息孤岛效应。目前，网闸大多提供了文件交换、收发邮件、浏览网页等基本功能。

此外，网闸产品在负载均衡、冗余备份、硬件密码加速、易集成管理等方面需要进一步改进完善，同时更好地集成入侵检测和加密通道、数字证书等技术，也成为新一代网闸产品发展的趋势。

## 三、网闸的安全配置

网闸类产品的基本原则是"协议落地"，即对 TCP/IP 协议头剥离处理。网闸一侧主机模块运行后，即剥离 TCP/IP 协议头信息，使 TCP/IP 及以下协议层连接到此中断，然后将剩余的纯数据加密后，传到另一侧的主机模块。然后根据策略配置，将数据解密并重建数据包的 TCP/IP 协议头，传向目的设备。

网闸的安全配置如下：①网闸产品应有国家相关安全部门的证书；②网闸设置加长口令，网络管理人员退出本岗位时应立即更换口令；③网闸密码不得以明文形式出现在纸质材料上，密码应隐式记录，记录材料应存放于保险柜；④监控配置更改，改动网闸配置时，进行监控；⑤定期备份配置和日志；⑥明确责任，维护人员需要明确更改网闸配置的时间、操作方式、原因和权限，在进行任何更改之前，制定详细的逆序操作规程。

## 第六节 数据中心模块中的安全设置

新一代数据中心开始大量应用云计算技术，采用计算、存储及网络资源松耦合模式，虚拟化各种 IT 设备及系统，模块化与自动化程度较高。正因为新一代数据中心的优势和特点，使其吸引并整合了更多的资源，同时伴随着国内运营商的网络演进，公众用户数量的提升，这些都带来了新一代数据中心网络出口带宽大幅度增长，对安全产品的部署提出了新的挑战。新一代数据中心网络出口带宽形成的大流量场景对于网络入侵检测、网络安全审计、网络 DLP、流量分析等旁路部署的网络安全产品提出更为苛刻的要求，因此，可以采用数据中心网络安全产品的旁路部署方式。

### 一、基于分流器产品的解决方案

从早期的 TAP 发展到现在的网络分流器，已经可以实现对镜像、分光流量的复制、汇聚、过滤，通过协议转换功能实现 10G/40G POS 数据转换成万兆LAN 数据，按照特定的算法进行负载均衡输出，输出的同时保证同一会话的所有数据包，或者同一 IP 用户的所有数据包从同一个接口输出。

### 二、基于分流器负载均衡的部署方式

分流器设备使用 2 个 40G 端口接收交换机的镜像流量，然后将镜像的流量经过同源同宿处理后，采用 10GE LAN 接口平均输出给 4 台入侵检测设备。

### 三、基于分流器加权负载均衡的部署方式

如图 4-13 所示，分流器设备使用 2 个 40G 端口接收交换机的镜像流量，然后将镜像的流量经过同源同宿处理后，采用 10GE LAN 接口按照设备性能选择流量的输出比例提供给 4 台不同档次的入侵检测设备。

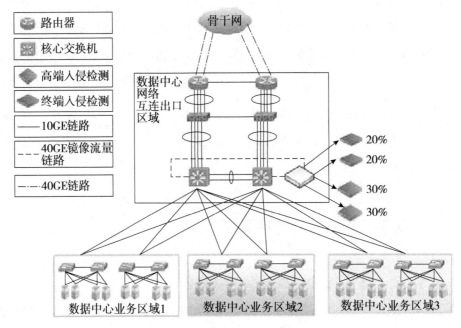

图 4-13　基于分流器加权负载均衡的部署方式

### 四、基于分流器多业务复用的部署方式

如图 4-14 所示，分流器设备使用 2 个 40G 端口接收交换机的镜像流量，复制成为 2 份，将镜像的流量经过同源同宿处理后，采用 10GE LAN 接口将 2 份流量分别输出给入侵检测设备及网络 DLP 设备，其中网络 DLP 设备采用负载均衡的输出策略，入侵检测设备采用加权负载均衡的输出策略。

如图 4-15 所示，分流器设备使用 2 个 40G 端口接收边界路由器的分光流

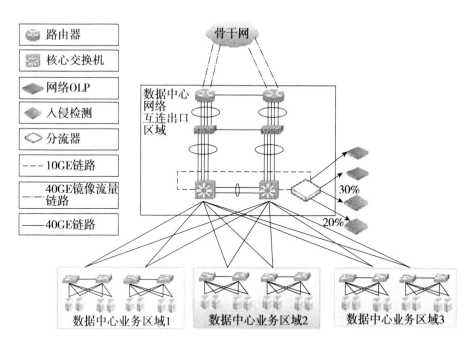

图 4-14 基于分流器多业务复用的部署方式

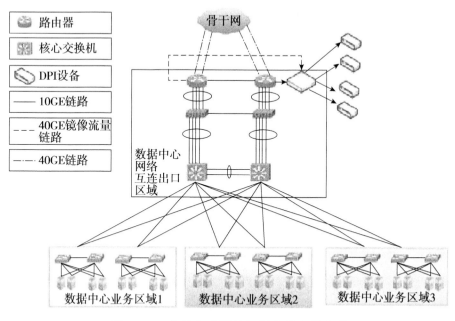

图 4-15 基于分流器协议转换的部署方式

量，流量经过协议转换及同源同宿处理后，采用 10GE LAN 接口将流量以负载均衡的方式分别输出给 DPI 设备进行分析。

## 第七节　防毒墙

根据报告，大多数的病毒来自互联网，因此，在网关处建立防毒策略是当务之急。实践证明，网络防火墙不能真正满足用户安全防护的需要。传统的网络防火墙就像一扇门，只有打开和关闭2种状态，而无法实时对网络状况进行监测。它只能通过阻止IP来实现对病毒以及黑客的防御。

防毒墙，即通常说的防病毒网关。目前，市场上对防毒墙的概念仍未达成共识。一般认为，防毒墙包括以病毒扫描为首要目标的代理服务器，以及需要与防火墙配合使用的专用防毒墙。

防毒墙位于网络入口处（网关），是用于对网络传输中的病毒进行过滤的网络安全设备。通俗地说，防毒墙可以部署在用户局域网和互联网交界的地方，阻止病毒从互联网入侵内网。防毒墙会扫描通过网关的数据包，如果是病毒，则将其清除。理论上讲，防毒墙可以阻止任何病毒从网关处入侵用户内部网络，主要用于防护网络层的病毒，包括邮件、网页、QQ、MSN等病毒的传播。

防毒墙的主要作用是将各种恶性流行病毒查杀、过滤在用户网络之外。安全专家解释，部署在企业局域网里的网络版杀毒软件可以清除服务器和PC终端上的病毒，但不能阻止病毒流入网络。

市场上的防毒墙种类很多，多数生产杀毒软件的公司在生产防毒墙。市场上知名的防毒墙生产厂商有网神、驱逐舰、卡巴斯基、趋势、瑞星、CP、McAfee。

针对个人用户、企业用户，如果需要解决单台台式机的硬件防毒问题，还有一种防毒墙产品称为蓝芯防毒墙，跟以上各防毒墙完全不同，它是通过直接连接硬盘以控制硬盘的读写通道，过滤掉危险操作，挡住所有已知或未知的病毒和木马。

防毒墙是一类高端的杀毒设备，适用于大型网络。芯片防毒墙主要应用在互联网的骨干网，以及电信、银行等超大流量网络，可以对大规模流行病毒的爆发实施有效的拦阻，是抑止"冲击波""振荡波"等恶性网络病毒的有效利器。

下面以瑞星防毒墙为例来介绍其功能和工作模式。

瑞星防毒墙是一款多功能、高性能的产品，主要功能是扫描病毒、部署状态检测防火墙、保护 IP 安全虚拟专用网、保护网络缓存和本地记录，可扩充模块包括垃圾邮件过滤、网址过滤。它不但有网络边缘检测、拦截和清除病毒的功能，而且是一个高性能的防火墙，通过在总部、分支机构网络边缘分别布置不同性能的防毒墙，保护总部和分支机构内部网络和对外服务器不受黑客的攻击，同时通过 VPN 功能为分支机构、移动用户提供一个安全的连接。

瑞星下一代防毒墙支持灵活的工作模式，采用了全新的接口配置理念，按拓扑设计的方式，每个物理接口的工作模式可以单独配置，能轻松简单地配置出满足复杂网络环境需求的防毒墙工作模式，并提供透明、路由、PPPoE 拨号、DHCP 等模式。

（1）透明模式：无须对企业网络现有拓扑结构进行更改便可以将防毒墙接入，即插即用，灵活方便。

（2）路由模式：当防毒墙工作在路由模式时，防毒墙此时类似于一个静态的路由器，可以提供静态路由功能。

（3）PPPoE 拨号模式：利用 PPPoE 拨号模式，防毒墙可以方便地接入拨号网络，提供安全的网关防护功能，方便了用户的使用，保证了拨号接入网络的可用性。

（4）DHCP 模式：把该接口配置成 DHCP 模式，防毒墙可以得到从 DHCP 服务器自动分配的地址，避免 IP 地址冲突。

另外，瑞星下一代防毒墙最大限度地提供两路网桥的工作模式，通过这些模式的组合可以配置出一个适应复杂网络环境的防病毒网关。在配置接口 IP 时，可以指定 VLAN 属性，很方便地配置出带有 VLAN 特性的企业网络。瑞星下一代防毒墙不但可以部署在整个网络的出口，同时可以部署在某个部门的出口，也可以部署在特定服务器机群的前面，能够在所保护的对象之前设立一个安全屏障。

在线部署模式，防毒墙是串接在网络中的，防毒墙相当于一个过滤网。旁路部署（见图 4-16）模式中，防毒墙和网络是并联的，可以通过数据镜像后，传给防毒墙审查，审查的数据并不会直接影响到网络中的数据。对于防毒墙来说，

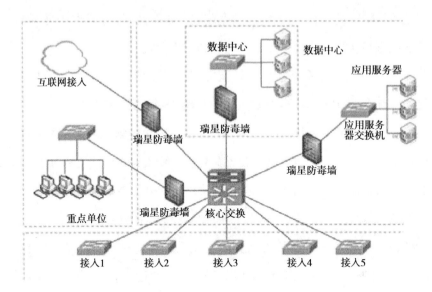

图 4-16　旁路部署

旁路部署只为检测网络中的病毒情况；在线部署是串接部署，不但可以检测病毒，也可以起到实时阻止病毒的作用。

网络防毒墙部署（见图 4-17）在网络出口下，对所有网络层病毒进行防护。

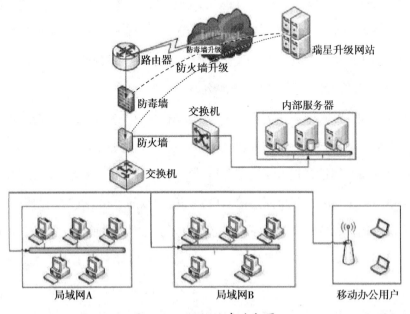

图 4-17　网络防毒墙部署

## 习题四

1. 网络安全产品的种类有哪些？各包括哪些安全产品？

2. 如何配置入侵防御系统（IPS）？

3. 简述创建防火墙的步骤。

4. 简述网闸的功能和应用。

# 参考文献

［1］谭方勇，高小惠 . 网络安全技术实用教程［M］. 3 版 . 北京：中国电力出版社，2017.

［2］杨诚 . 网络空间安全技术应用［M］. 北京：电子工业出版社，2018.

［3］龙翔，汤荻 . 网络安全协议分析［M］. 北京：机械工业出版社，2019.

［4］龙翔，元梅竹 . 信息安全产品配置［M］. 北京：机械工业出版社，2019.

［5］石志国，薛为民，尹浩 . 计算机网络安全教程［M］. 2 版 . 北京：清华大学出版社，2011.

［6］黄波 . 网络空间安全素养导论［M］. 北京：清华大学出版社，2019.

［7］王群 . 网络攻击与防御技术［M］. 北京：清华大学出版社，2018.

［8］海吉 . 网络安全技术与解决方案（修订版）［M］. 田果，刘丹宁，译 . 北京：人民邮电出版社，2010.

［9］蒋建春，杨凡，文伟平，等 . 计算机网络信息安全理论与实践教程［M］. 西安：西安电子科技大学出版社，2005.